U0022679

Deepen Your Mind

Deepen Your Mind

推薦序

近年來，隨著行動網際網路的蓬勃發展，數位經濟迎來爆發式增長。百花齊放的網際網路服務已經潛移默化地滲透到人們衣、食、住、行的各方面。軟體服務的運行品質，已經不僅影響著使用者體驗，更成為關係到社會民生的大事。

從資訊化、數位化時代邁入智慧化時代，軟體系統架構也是不斷演進的，從傳統的單體式，發展到 SOA，再到微服務，乃至如今火熱的雲端原生。在不斷地以技術創新驅動業務創新的同時，所面臨的技術挑戰也在與日俱增。對於高併發、高流量的網際網路分散式系統來說，一個微小的技術方案差異，就可能導致性能表現天壤之別。而性能問題不僅帶來了運行成本的增加，更是系統穩定性的隱憂。

建構高性能、高可靠的軟體系統，是無數開發者的不懈追求。然而軟體架構設計是一項高度依賴理論知識系統與工程實踐經驗的工作，如果沒有合適的學習通路，往往進步緩慢。

本書作者對軟體性能具有獨到見解，在軟體架構設計、性能保障方面均有豐富經驗。本書首先站在系統化的理論高度，從軟體品質的特性維度出發，推導出軟體性能的度量模型，解答了「什麼是高性能軟體架構」。並且結合多年經驗，貫穿完整技術堆疊介紹了提升軟體架構性能的知識與技巧。最後用一個實戰案例，幫助讀者充分消化瞭解所學的知識。這是一本值得廣大技術同好與從業者品讀學習的好書。

童庭堅

PerfMa 首席技術官
TVP 騰訊雲最具價值專家
中商聯智庫顧問

前言

2019 年我出版了《通用原始程式閱讀指導書──MyBatis 原始程式詳解》一書，向大家分享原始程式閱讀相關的知識和技巧。書籍面市後，收到了不錯的反響，有的讀者表示學到了許多的程式設計知識，有的讀者表示透徹瞭解了 MyBatis 的原始程式，有的讀者表示終於邁入了原始程式閱讀的大門。這讓我感覺每個坐在電腦前十指連彈的夜都是值得的。

然而，我也發現很多開發者在進行軟體架構設計時缺乏系統化的思維，只能在試錯、複習中不斷摸索提升，痛苦而緩慢。而且，這種提升方式容易留下知識盲區。可是這些問題都很難透過原始程式閱讀來補足。

因此，我決定寫一本系統化的架構書籍分享給大家。書籍中不僅要包含理論知識、實踐技巧、工程方案，更要將這些知識系統化地連接起來，以幫助大家建立一個完備的知識系統。這就是我寫作本書的原因。

在本書中，我們將從「高性能架構」這一點出發，系統地介紹高性能架構相關的各方面。

書中涉及很多理論知識，我儘量透過範例使得它們簡單易懂；書中有很多架構技巧，我儘量透過複習使得它們清晰明了。在本書的最後，還會以書中的架構系統為依據，開發一套高性能的分散式許可權系統。

從理論知識到架構技巧，再到項目實踐，本書力求列出一套完整的知識系統，指引大家完成高性能系統的架構設計。

第 1 章介紹了高性能和架構這兩個概念。包括高性能代表的具體指標，架構的具體含義與主要內容。

第 2 章介紹了分流設計。即如何使用內容分發網路、多位址直連、反向代理等手段將使用者的請求分散到不同的系統上，從而降低每個系統的併發數。

第 3 章介紹了與服務平行相關的設計。首先，介紹了平行與併發的概念。其次，在此基礎上介紹了叢集系統、分散式系統、微服務系統。包括各類別系統的特點、實現困難等。服務平行設計能夠進一步將系統內的請求進行分流，從而提升系統性能。

第 4 章介紹了多進行、多執行緒、多程式碼協同等運算併發手段，並列出了對應的實例。尤其是對常見的多執行緒進行了深入介紹，包括執行緒的狀態轉換、應用場景、使用方法、協作方法等。透過運算併發設計，能夠顯著提升系統的併發能力。

第 5 章介紹了輸入輸出設計。首先介紹了 IO 的分類別維度、層級。然後詳細介紹了常見的五種 IO 模型，包括這些模型之間的演化邏輯，並列出了這些模型的實際使用範例。

第 6 章介紹了資料庫設計與最佳化手段。從最基本的關聯式資料庫設計開始，介紹了關聯式資料庫設計的設計範式、反範式。在此基礎上，還介紹了各類別索引的原理、使用條件，各類別鎖的特點，鎖死的產生與解除，交易及其隔離等級等。在章節的最後還介紹了針對巨量儲存資料時資料庫該如何最佳化，以及一些非傳統的資料庫和資料庫中介軟體。

第 7 章介紹了快取設計的方法和技巧。這一章從快取的收益說起，推導提升快取收益的方法。然後在此基礎上，列出了提升快取收益的具體實施手段，包括快取要素的設計、更新機制的設計、清理機制的設計、風險點的處理、位置的設計等。最後還介紹了寫快取的收益計算和實踐方案。

第 8 章介紹了系統可靠性設計的相關知識。首先，介紹了可靠性的概念與具體的衡量指標。其次，在此基礎上介紹了提升系統可靠性的手段。這一章將幫助我們建構高可靠性的系統。

第 9 章介紹了應用保護的基礎知識和實踐手段。這些知識和手段能提升應用在突發狀況下的工作狀況。

第 10 章介紹了前端高性能的相關知識。這是一個相對獨立的一章。首先，分析了前端工作過程中的性能關鍵點。其次，針對這些關鍵點列出了前端性能最佳化的手段。具有較強的綜合性和指導性。

第 11 章介紹了架構設計中架構設計風格和軟體生命週期這兩個方面的基礎知識。這些知識將指導我們系統化地進行軟體架構工作。

第 12 章是一個項目實踐。本章以前面各章介紹的高性能架構知識為依據，完整地開展了一個高性能軟體系統的架構工作，包括理論推導、模型設計、概要設計、詳細設計等各個環節，介紹了一個完整的高性能架構過程。本章的內容能幫助讀者學會如何在實踐中靈活運用前面各章的知識。

本書力求理論聯繫實踐，既列出了高性能架構的相關理論與推導，又列出了具體的實施策略與技巧，還透過項目實踐完成了一個高性能軟體的架構設計。希望大家在閱讀本書後，能夠建立高性能架構領域的完整知識系統。

♣ 致謝

書籍的寫作出版要經歷很長的過程，從規劃到研究，從初稿到終稿，從編輯到面市。在這個過程中，我要感謝許多人。其間，我獲得了領導的大力支持和鼓勵，獲得了業內專家的審稿和指導，也獲得了國內外學術及工程領域多位朋友的幫助。性能領域的資深專家童庭堅在百忙中審稿了書籍初稿，並為本書作序。電子工業出版社的許多編輯也為本書傾力付出。

資訊技術浪潮帶來了巨大的機會，作為軟體開發者的你我有幸站到了這一機會面前，我們每個人都應該做出自己的一份貢獻，或偉大，或渺小，為自己，為社會。

真心希望本書能夠給你帶來架構能力和軟體開發能力的提升。

加油，願你我早日成為自己的燦爛星辰！

易哥

目錄

01 高性能架構

02 分流設計

03 服務平行設計

04 運算併發

05 輸入輸出設計

06 資料庫設計與最佳化

07 快取設計

08 可靠性設計

09 應用保護

10 前端高性能

11 架構設計理論

12 高性能架構實踐

A 參考文獻

高性能架構

現代軟體對性能的要求越來越高,因此必須在軟體的架構過程中著重提升軟體的性能指標,即對軟體開展高性能架構。

然而高性能架構的開展是一項涉及理論、實踐、工程等多領域的工作。軟體開發者知識系統中的任何欠缺都可能給軟體帶來設計上的缺陷,導致軟體性能指標的下降。這使得軟體架組成為一項高度依賴知識和經驗的工作。

本書旨在提升軟體開發者在高性能架構方面的知識和經驗。書中包含相關理論知識的說明,並在理論知識的基礎上推導出具體的實踐方案,最後還向大家展示了一個完整的專案架構過程。進而由理論到實踐、由實踐到工程,幫助讀者建立軟體架構的完整知識系統,快速提升讀者的高性能架構能力。

本章先介紹軟體架構和軟體品質這兩個概念,並在此基礎上明確「高性能」的具體定義。之後,我們會進一步分析軟體的性能指標,以及各指標之間的關係,為後續各章節做好鋪陳。

1.1 軟體架構

架構是一個來自傳統領域的古老概念,用來指對房屋、橋樑等實體物理結構的設計與研究。後來,架構的概念被引入軟體系統領域,指對軟體系統整體結構的設計。

我們可以類比傳統工程設計領域的概念,將軟體系統領域的研究由上到下地分為三層:

- 理念層面:研究軟體系統開發中的理念和思想,如研究軟體的開發模型、評價指標、架構風格等。類比於傳統工程領域研究建築品質標準、研究商業區與居住區的分佈關係等。

- 架構層面:研究如何協調和組織軟體系統、子系統、模組之間的關係,從而指導系統實現並提升各種品質指標。類比於規劃和設計建築物的承重結構、功能結構等,並協調各結構的關係。

- 技術層面:研究如何高效、可靠、經濟地實現軟體系統、子系統、模組等。類比於架設建築物中的樓梯、牆體、陽台等。

可見軟體架構位於承上啟下的中間層。因此,做出良好的架構,需要我們對理念層面和技術層面的知識都有較為深刻的認識。理念層面的知識為我們的架構提供了想法和目標上的指引,技術層面的知識為我們的架構提供了方法和工具上的支撐。

📖 拓展閱讀

《拉近和大神之間的差距:從閱讀 MyBatis 原始程式碼開始》是一本兼具架構層面和技術層面的書籍。它以優質開放原始碼專案的原始程式碼為基礎,分析了原始程式所涉及的基礎知識、實現邏輯、架構技巧,能讓讀者在架構層面和技術層面均有較大的提升,是一本幫助程式設計師從技術開發領域邁入架構設計大門的良好書籍。

在軟體開發過程中,架構發生在需求之後、規劃之前。經過需求、架構、規劃、開發幾個主要步驟後,一個軟體便從最初模糊的需求演變為最終可運行的實體。

軟體架構是在軟體系統結構、行為和屬性的進階抽象基礎之上展開的全面的系統設計,其主要內容包括:概要設計和詳細設計兩大步驟。概要設計,研究組成系統的抽象元件,以及元件之間的連接規則;詳細設計,將這些抽象元件細化為模組、類別、物件等實際的元件,並透過設計通訊規則完成它們之間的連接。

軟體系統架構的好壞,對軟體的品質具有重要的影響。在演算法研究中,我們常使用時間複雜度和空間複雜度等指標來衡量演算法的性能。然而,在一個完整的軟體專案中,演算法的研究與最佳化只是軟體開發階段的小環節,其對系統品質的影響是有限的。相比於演算法最佳化,軟體系統架構則是從頂層對軟體系統的軟硬體結構進行設計,其設計的好壞對系統品質的影響更為重大。

因此,要想架設高性能的系統,要先從架構層面出發,對軟體進行高性能架構,而不應將責任直接推給演算法設計和程式最佳化。

在了解什麼是高性能架構之前,我們需要先了解什麼是軟體的品質。

1.2 軟體的品質

作為一名軟體開發者和使用者，我們經常在工作和生活中接觸各種各樣的軟體，也會從不同的維度對軟體進行評判。舉例來説，我們會使用「介面漂亮」、「好用」、「容易崩潰」、「功能強大」等詞語來描述一個軟體，其實這都從不同的維度反映了一個軟體的品質。

那有沒有確切的標準來衡量一個軟體的品質呢？

ISO/IEC 25010:2011 是軟體工程一產品品質評價國際標準。它列出了軟體品質模型（Product Quality Model）並將軟體品質劃分成了 8 個特性維度，如圖 1.1 所示。這 8 個特性維度的介紹以下 [1]（以下描述各維度含義的敘述勻較為晦澀，但為了接近標準的原意，我們不做改寫）。

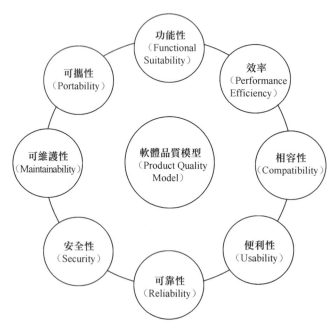

圖 1.1 軟體品質的 8 個特性維度

- 功能性（Functional Suitability）在特定條件下使用時，產品或系統提供滿足指定和隱含需求的功能的程度。這裡僅對是否滿足功能做要求，而對功能的規範性不做要求。

- 效率（Performance Efficiency）：在指定條件下，軟體產品對資源的佔用。資源包括其他軟體產品、系統的軟體和硬體規格等。

- 相容性（Compatibility）：產品、系統或元件可以與其他產品、系統或元件交換資訊或執行其所需功能，同時共用相同的硬體或軟體環境的程度。

- 便利性（Usability）：指定使用者可以使用產品或系統在指定的使用環境下，以有效、高效和滿意的方式達到指定目標的程度。

- 可靠性（Reliability）：系統、產品或元件──在指定條件下及指定時間內執行指定功能的程度。這裡所説的指定功能涵蓋可用性、安全性、可維護性等。因為軟體不會在運行過程中損耗，所以其不可靠是由於軟體需求、設計、實施中的錯誤引發的，或是執行上下文變化引發的。

- 安全性（Security）：產品或系統保護資訊和資料的程度，以便人員或其他產品或系統具有與其許可權類型和授權等級相適應的資料存取程度。

- 可維護性（Maintainability）：預期的維護者可以修改產品或系統的有效性和效率的程度。

- 可攜性（Portability）：系統、產品或元件從一種硬體，軟體或其他操作或使用環境轉移到另一種環境的有效性和效率的程度。

以上 8 個特性維度共同組成了軟體的品質。舉例來說，我們所說的「好用」、「介面漂亮」是從便利性維度來評價軟體品質，「容易崩潰」是從可靠性維度來評價軟體品質，「功能強大」是從功能性維度來評價軟體品質。

在軟體架構設計過程中，我們應該儘量保證設計的軟體能夠在以上 8 個維度都有較好的表現。當然也有很多時候，我們不得不做出取捨，為了某些重要的特性維度指標而犧牲一些次要的指標。

1.3 高性能概述

在軟體的開發和使用過程中，我們可能會經常聽說「性能」一詞。然而軟體工程產品品質評價國際標準列出的軟體品質模型中並沒有「性能」這一特性維度。

其實「性能」是一種通俗的說法，它主要是指軟體品質特性維度中的效率和可靠性。如果一個軟體能夠在效率和可靠性這兩個維度上具有較好的表現，我們會稱這個軟體是「高性能」的。

在 ISO/IEC 25010:2011 軟體工程—產品品質評價國際標準的軟體品質模型中，效率又被分為 3 個子特性 [1]。

- 時間效率（Time Behaviour）：產品或系統在執行其功能時，其回應、處理時間以及吞吐量達到要求的程度。

- 資源使用率（Resource Utilization）：產品或系統在執行其功能時使用的資源數量和類型滿足要求的程度。

- 容量（Capacity）：產品或系統參數的最大限制達到要求的程度。這裡的參數可以是儲存的項目數、併發使用者數、通訊頻寬、交易吞吐量和資料庫大小。

可靠性又被分為以下 4 個子特性 [1]。

- 成熟度（Maturity）：系統、產品或元件在正常操作下滿足可靠性需求的程度。

- 可用性（Availability）：系統、產品或元件在需要使用時可操作和可存取的程度。

- 容錯性（Fault Tolerance）：儘管存在硬體或軟體故障，系統、產品或元件按預期運行的程度。

- 可恢復性（Recoverability）：產品或系統在出現中斷或故障的情況下，可以恢復直接受影響的資料，並重新建立系統所需狀態的程度。舉例來說，出現故障後電腦系統有時會關閉一段時間，其時間長度取決於其可恢復性。

因此，高性能的軟體需要在以上 7 個子特性上具有優良表現。通俗來說就是系統處理能力強、回應快、容量大、故障率低、不容易崩潰、崩潰後恢復快。

我國網際網路使用者群十分龐大 [2]。因此，許多軟體尤其是網際網路軟體需要承載巨量使用者的存取。這需要軟體能夠在更短的時間內回應使用者操作，使用更少的資源服務更多的使用者，儲存更多使用者的資料等。這對相關軟體的性能提出了極高的要求。

1.4 軟體性能指標

根據軟體品質標準，我們已經對「性能」所涉及的軟體品質特性進行了了解。在這一節中，我們將詳細了解幾個與性能相關的指標。

1.4.1 吞吐量

「吞吐量」一詞通常用來衡量電信網路在通訊通道上單位時間能成功傳遞的平均數據量。用在軟體系統中是指軟體系統單位時間內能夠接收和發出的資料量。不同的系統、請求所對應的資料量不同，操作複雜度也不同。因此，吞吐量是一個模糊的概念，很難用它來進行系統間的水平比較。

在軟體系統中，常用一些更為具體的指標來代表吞吐量，如 TPS 和 QPS。

- TPS（Transaction Per Second）即每秒進行的交易數目。這裡的交易一般是指某項具體的包含請求、變更、返回等全流程的操作。
- QPS（Queries Per Second）即每秒進行的查詢運算元目。

TPS 和 QPS 是連結的，但它們之間的連結關係也不是恒定的。舉例來說，我們把呈現某個頁面作為要進行的交易，則一個 TPS 包含多個 QPS，因為一個頁面往往需要進行 HTML、CSS、圖片等多個資源的查詢。可見 TPS 和 QPS 之間的換算關係必須由具體的業務場景來決定。

不同系統處理的具體交易不同，查詢的內容也不同，所以 TPS 和 QPS 很難用來精確比較不同系統之間的性能優劣，而常用來衡量同一個系統在不同時間、環境下性能的變化。本書不對特定系統指標數值展開定量計算，因此，統一使用「吞吐量」一詞來代表系統處理使用者請求的能力。

1.4.2 併發數

「併發數」也是一個寬泛的概念，通常包括：併發使用者數、併發連接數、併發請求數、併發執行緒數。

併發使用者數是指同時使用軟體功能的使用者的人數。然而，這些正在使用軟體的使用者中，有一些使用者可能只是登入，而並未展開操作。

併發連接數是指軟體承載的連接數目，這些連接中可能有一些正在進行資料的傳輸，而有一些僅只是保持了連接。

併發請求數是指軟體承載的併發請求的數目，而這些請求中有的可能只是請求靜態資源，而有的可能需要讀寫操作。

併發執行緒數是一個用來衡量系統內部運行情況的指標，指軟體內部運行的執行緒的數目。而不同的業務操作觸發的執行緒數目是不同的。

因此，以上四者都不是絕對清晰和準確的。

本書不會對特定系統在特定運行條件下的不同併發數展開具體計算。因此，統一使用「併發數」一詞來代表系統同時服務的呼叫方的多少。

1.4.3 平均回應時間

吞吐量和併發數是衡量軟體系統的重要指標，但作為系統的使用者（可能是人，也可能是其他系統）卻感知不到。使用者作為一個個體，並不知道他所存取的系統的吞吐量的高低，也不知道此時系統的併發數是多少。使用者能夠感受到的是另一個指標——回應時間。

回應時間是指使用者發出系統的呼叫請求到收到系統的回應之間的時間，這個時間越短則使用者的體驗越好。

反映在系統上，對應的指標就是平均回應時間，即系統服務的所有請求的回應時間的平均值。

系統內部可能包含多個模組，具體到每個模組也會有自己的回應時間。當我們提升系統的平均回應時間時，通常是從提升模組的平均回應時間入手的。這時會涉及阿姆達爾定律（Amdahl's Law 或 Amdahl's Argument）。

阿姆達爾定律描述了當系統中某一模組的執行速度提升時，系統整體執行速度提升的情況。

阿姆達爾定律首先定義了加速比的概念。假設我們最佳化了某個模組 m，使之平均響應時間由 $T_{m,\text{old}}$ 縮短為 $T_{m,\text{new}}$，則這次最佳化帶來的加速比 r_m 計算如下：

$$r_m = \frac{T_{m,\text{old}}}{T_{m,\text{new}}}$$

在某個模組最佳化之後，系統的平均回應時間也會變短。系統平均回應時間的變化取決於下面兩個因素。

■ 增強比例 p：在最佳化之前，被最佳化的模組的平均回應時間佔系統平均回應時間的比例。該值總是小於等於 1。

■ 模組加速比 r_m：對模組進行最佳化後給模組帶來的加速比。

這樣，整個系統新的平均回應時間 $T_{s,\text{new}}$ 計算公式如下：

$$T_{s,\text{new}} = T_{s,\text{old}} \times \left[(1-p) + \frac{p}{r_m} \right]$$

其中 $T_{s,\text{old}}$ 是系統原來的平均回應時間。

而因為模組的最佳化給整個系統帶來的加速比 r_s 計算如下：

$$r_s = \frac{T_{s,\text{old}}}{T_{m,\text{new}}} = \frac{1}{\left[(1-p) + \frac{p}{r_m} \right]}$$

根據上述公式，我們知道要想提高系統的加速比，應該特別注意平均回應時間佔比高的模組（增大 P），並盡可能地提升這些重點模組的加速比（增大 r_m）。

1.4.4 可靠性指標

用來衡量軟體可靠性的指標很多，包括可靠度、故障強度、故障率、平均無故障時間等，我們將在第 8 章對這些指標進行詳細介紹。

上述指標中，平均無故障時間是一個容易直觀感受的可靠性衡量指標，它表示軟體開始運行後，到第一次發生故障的執行時間的平均值。

軟體平均無故障時間 θ 的計算公式如下：

$$\theta = \int_0^{+\infty} R(t)\,\mathrm{d}t$$

其中的 $R(t)$ 是軟體的可靠度，它表示在指定的運行條件下，軟體在規定的時間內不發生故障的機率。有 $R(0)=1$，即軟體在初始執行時期刻一定是無故障的；$R(+\infty)=0$，即任何軟體都是有故障的，在無限長時間運行後一定會發生故障。

1.5 性能指標之間的關係

我們已經對衡量軟體系統性能時常見的幾個指標進行了介紹，然而這些指標並不是孤立的，而是互相影響的。這一節我們將對各個性能指標之間的關係進行探討。

1.5.1 併發數對吞吐量的影響

當一個軟體系統沒有收到任何請求時（併發數為 0），則不會有吞吐。隨著請求慢慢增加，系統的吞吐量便會漸漸上升。然而系統的能力是有上限的，當吞吐量增加到系統上限時，便開始維持穩定，不再隨著併發數的增長而增長。如果併發數繼續增加，則系統會因為負擔過重而導致吞吐量下降。同時，如果併發數繼續增加，系統軟硬體持續高負荷運轉，可能最終導致系統崩潰。

為了證明上述結論，我們使用 Tomcat、MyBatis 架設了一個包含邏輯運算、資料庫讀寫操作的典型應用，其結構如圖 1.2 所示。

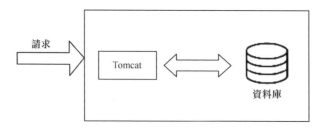

圖 1.2　應用結構

然後我們逐漸增加該系統的併發請求數，查看系統的 TPS 變化。最終得到圖 1.3 所示的實驗結果。

可見實驗結果和我們預想的結果近似。實驗資料中的 TPS 代表了系統的吞吐量，併發請求數代表了系統的併發數。

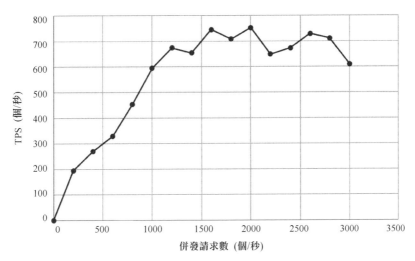

圖 1.3 TPS 與併發請求數關聯資料

我們對實驗結果進一步抽象，可以得到圖 1.4 所示的吞吐量與併發數關係模型。

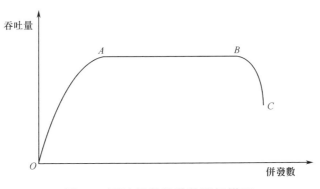

圖 1.4 吞吐量與併發數關係模型

在圖 1.4 中，我們可以將軟體系統的工作區間劃分為以下三段。

- *OA* 段：這是吞吐量的上升段。在這一階段中，併發數較低，系統部分能力是閒置的。隨著外界請求的增加，系統的吞吐量將隨之上升。
- *AB* 段：這是吞吐量的恒定段。在這一階段中，系統已經發揮了最大的能力。此時，無論外界請求如何增加，系統的吞吐量均無法再提升。
- *BC* 段：這是吞吐量的下降段。在這一階段中，系統因為負載過高而導致吞吐量下降。如果併發數繼續增加，則系統可能崩潰。

1.5.2 併發數對平均回應時間的影響

當併發數較小時，系統有充足的資源回應外部請求，因此對請求的回應十分迅速。而當併發數加大時，系統的資源緊張，無法對請求進行快速回應，從而導致請求的回應時間變長。

假設一個系統平均單位時間內處理的最大請求數為 N，則每個請求的平均處理時間為 $\dfrac{1}{N}$。現在假設系統在單位時間內收到 n 個請求，且這 n 個請求的到達時間間隔服從指數分佈。請求的到達時間間隔服從指數分佈，則請求的到達便服從卜松分佈。這時我們可以透過下面的公式推導來計算系統的平均回應時間 [3]。

首先，系統的平均使用率 ρ 為：

$$\rho = \frac{n}{N}, \ \rho < 1$$

系統的平均回應時間為 t_{res} 為：

$$t_{\text{res}} = \frac{\dfrac{1}{N}}{1-\rho} = \frac{1}{N-n}, \ n < N$$

即隨著系統單位時間內收到的請求數 n 的增加，系統的平均回應時間增加。

我們可以繼續使用圖 1.2 所示的系統來證明這一點。最終獲得了圖 1.5 所示的平均回應時間和併發請求數的實驗資料。

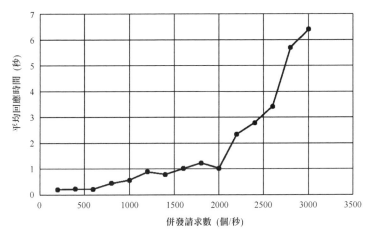

圖 1.5　平均回應時間與併發請求數關聯資料

在圖 1.5 中，併發請求數代表了系統的併發數。於是我們對實驗結果進一步抽象，獲得了圖 1.6 所示的平均回應時間與併發數關係模型。

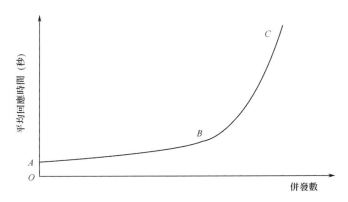

圖 1.6　平均回應時間與併發請求數關係模型

在圖 1.6 中，我們可以將軟體系統的工作區間劃分為兩段。

- *AB* 段：在這一階段，系統的平均回應時間隨著併發數的增加而增加，但增加趨勢相對平緩。
- *BC* 段：在這一階段，系統的平均回應時間隨著併發數的增加而急劇增加。

1.5.3 平均回應時間對併發數的影響

通常我們認為系統的操作請求是由使用者發出的，其請求多少不受系統左右，因此系統的併發數不會受系統各個指標的影響。

從併發請求數的角度來看，上述結論是正確的。然而從系統內部併發數的角度來看，上述結論卻是錯誤的。

假設存在一個多執行緒的系統，以一定的頻率收到外部請求，如圖 1.7 所示。在圖 1.7 左圖中，系統的平均回應時間較短，這時我們可以看到系統的併發執行緒數為 2。而在圖 1.7 右圖中，僅增加系統的平均回應時間，系統的併發執行緒數變為 4。可見，併發數會隨著平均回應時間的增加而增加。

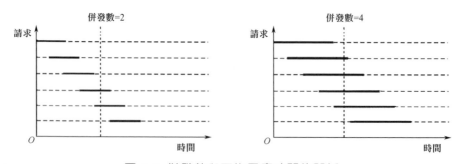

圖 1.7 併發數與平均回應時間的關係

從圖 1.7 中可以得出結論，在外界存取請求量一定的情況下，系統平均回應時間增加，會導致系統內部的併發數增加。結合第 1.5.2 節論證的關係，併發數的增加會導致平均回應時間的進一步增加，從而引發惡性循環。

在實際生產中，上述惡性循環將更為顯著。這是因為當使用者發出的請求長時間無法收到回覆時，使用者會不斷重試，從而導致外界請求增加。

1.5.4 可靠性指標與其他指標的關係

當系統的併發數、吞吐量提升時，會使得系統的硬體系統壓力增大，如導致 CPU 溫度上升、硬碟馬達轉速提升、風扇負載提升等，增加了系統硬體故障的機率，也增加了系統故障的機率。因此，系統的併發數、吞吐量的提升會降低系統的可靠度。

當系統因為各種原因發生故障時，會導致吞吐量降低或直接降為 0，以及平均回應時間變長甚至直接變為無限大。因此，系統可靠性的降低會直接導致吞吐量的降低、平均回應時間增加。

1.6 高性能架構複習

高性能架構不是一個特殊的架構流程，它是指在架構過程中注重與性能相關的指標，並採用相關架構知識、技巧來提升軟體的性能指標。

在本書的後續章節中，我們將逐一介紹高性能架構的相關知識和技巧。在第 11 章中我們將詳細介紹架構設計的流程，在第 12 章中我們將利用書中介紹的高性能架構知識和技巧完成一個軟體的架構設計工作，為大家展現高性能架構的全過程。

透過高性能架構能大幅提升軟體的性能指標。但也要明確，提升軟體性能是一個涉及架構、規劃、開發、測試等全流程的工作，高性能架構只是其中的一個環節。在進行高性能架構之後，我們還需要透過設計高效資料結構，設計低時間複雜度、空間複雜度演算法，開展性能測試並進行參數最佳化等方法全面提升軟體的性能。

分流設計

在第 1 章中我們了解到高併發數會造成系統吞吐量的下降和平均回應時間的增加，還可能增大系統崩潰的機率。因此，防止系統的併發數過高是高性能架構設計中非常重要的部分。

要想降低系統的併發數，一個簡單有效的方法便是對請求進行分流。使得原本湧向一個系統的請求分散到不同的系統上。系統的分流設計就是基於這個想法展開的。

通常一個系統的請求是從不同的地理位置、網路拓撲位置發出，然後在網路上不斷轉發、匯聚，最後到達系統的。我們可以在請求發出後，在請求到達系統前的各個階段對請求進行分流。本章主要介紹相關的技術。

2.1 　內容分發網路

我們部署的軟體系統處在網際網路的某個節點上，如圖 2.1 所示，通常這個節點由一個 IP 位址標定。所有指向該系統的請求，都會在網路上經過多次路由後到達該節點。

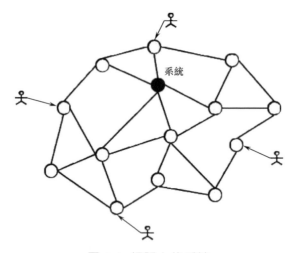

圖 2.1 　網路上的系統

如果我們在網路的多個位置部署系統，便可以使請求分配到多個系統上，減少每個系統的併發請求數。不僅如此，我們還可以讓每個使用者的請求落到與該使用者最近的系統上，這樣便降低了網路延遲時間，從而減小了平均回應時間，可謂一舉兩得。

這裡所說的「最近」不是地理位置上的最近，而是網路拓撲結構上的「最近」。在網路拓撲結構中，一個節點與另一個節點的距離會根據網路負載情況、內容的可用性、裝置工作狀況等發生變化，因此這種「最近」的關係是即時變動的。

但是上述系統會帶來一個嚴重的維護問題：如果同一個系統被部署到不同的位置，則我們需要同時部署和維護不同位置的多個系統，會帶來很高的系統間協作成本和部署維護成本。因此，在實際生產中，會將圖片、影片、附件等對流量消耗大且不經常改變的靜態資源部署到網路的多個位置，而核心系統只部署在一個位置。這就組成了我們常見的內容分發網路（Content Delivery Network，CDN）。

2.1.1 內容分發網路的結構

圖 2.2 是內容分發網路的示意圖。在內容分發網路中，部署核心系統的節點被稱為來源站，它是所有靜態資訊和動態資訊的來源。部署圖片、影片、附件等靜態資源的節點叫 CDN 節點、快取節點或邊緣節點。

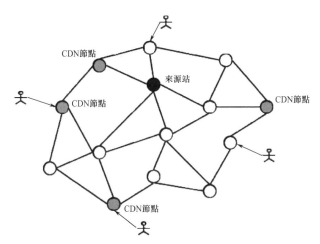

圖 2.2　內容分發網路示意圖

邊緣節點是相對於網路的複雜結構而提出的概念，它是指與連線的使用者之間具有較少中間環節的網路節點。因此，相比於來源站，使用者請求到達邊緣節點的網路延遲更小。

當使用者請求邊緣節點的內容時，邊緣節點會判斷自身是否快取了使用者要請求的內容。如果該內容已經快取，則邊緣節點直接將內容返給使用者；如果該內容尚未快取，邊緣節點會去來源站請求內容，再發給使用者，並且還會根據設定決定自身是否將該內容快取一份。因此，邊緣節點中儲存的只是來源站中部分內容的備份。

邊緣節點或說 CDN 節點的數目，對內容分發網路的效率有較大的影響。當 CDN 節點數目越多時，使用者與最近的 CDN 節點之間的中間環節越少，通訊延遲也越小。但在網際網路上部署許多的 CDN 節點需要極大的成本，因此，CDN 節點多由專門的 CDN 服務商部署並對外提供服務。內容分發網路有以下優點。

- 減小了系統併發數。系統不再是網路上的節點，而是多個節點。這樣每個系統都只承擔一部分請求，減少了每個系統的併發數。
- 減少了平均回應時間。使用者發生的請求會被分配到最近的節點上，減小了請求的網路延遲，也縮短了平均回應時間。
- 減少了網路擁堵。每個使用者的請求都被分配到最近的節點上而無須經過骨幹網路，減少了對骨幹網路的壓力。

但是 CDN 節點中只能快取靜態內容，一些涉及動態內容的請求仍然需要來源站處理。通常我們會透過 CDN 控制中心為各個 CDN 節點設定規則清單，CDN 節點會根據規則清單對請求的內容進行分類。

- 對於靜態內容：CDN 節點會在從來源站獲取到該內容後，在自身快取一定的時間。接下來再收到針對同樣內容的請求時，CDN 節點直接返回快取的內容。
- 對於動態內容：CDN 節點對這些內容不做快取，而是直接將請求轉交給來源站處理。

內容分發網路為來源站分擔了大量靜態資源請求，降低了來源站的併發請求數，使得同樣軟硬體設定的來源站可以承擔起更多的外部併發。

2.1.2 內容分發網路的原理

呼叫方請求一個服務時列出的目的位址是來源站的位址，它對應了網路中來源站所在的節點。內容分發網路如何將指向來源站位址的請求分散到不同的 CDN 節點上呢？這是內容分發網路要解決的核心問題，即將發往來源站的請求攔截給 CDN 節點。

這一過程與域名解析有關。域名解析就是將域名解析為 IP 位址的過程。IP 位址標示了網路中節點的位置，透過 IP 位址我們可以在網路中定址找到對應的節點，如 "185.199.108.153" 就是一個 IP 位址。域名則是為了 IP 位址更容易被記住而設定的代稱，如 "yeecode.top" 是一個網站域名。

域名解析由網域名稱系統（Domain Name System，DNS）來完成，可以把它看作一個保存了域名和 IP 位址對應關係的資料庫。域名解析是從網域名稱系統這一資料庫中尋找某個域名對應的 IP 位址的過程。

域名和 IP 位址的對應關係記錄稱為 A 記錄。網域名稱系統不僅能夠儲存 A 記錄，還能儲存多種其他記錄類型，如 MX 記錄、CNAME 記錄、NS 記錄、TXT 記錄等，每種記錄都是一種對應關係。在這些記錄類型中，最常用的是 A 記錄和 CNAME 記錄。

- A 記錄：這是最常用的記錄類型，它記錄了域名和 IP 位址的對應關係。透過它可以將一個域名轉為 IP 位址，如將 "yeecode.top" 轉為 "185.199.108.153"。

■ CNAME 記錄：它也被稱為別名記錄，它記錄了域名和域名的對應
關係。透過它我們可以將一個域名轉為另一個域名，如將 "yeecode.
github.io" 轉為 "yeecode.top"。

我們可以透過域名解析服務商向網域名稱系統中寫入相關域名的記
錄，圖 2.3 展示了某域名解析服務商提供的域名記錄管理介面。圖 2.3
所示介面中的設定可以將 "example.yeecode.org" 使用 A 記錄轉發到某
IP 位址上，將 "www.yeecode.org" 和 "yeecode.org" 使用 CNAME 轉發
到位址 "yeecode.top" 上。

Type	Name	Content	TTL	Proxy status	
A	example	185.199.	Auto ▼	⬇ Proxied	✕
CNAME	www	yeecode.top	Auto ▼	⬇ Proxied	✕
❶ CNAME	yeecode.org	yeecode.top	Auto ▼	⬇ Proxied	✕
TXT	yeecode.org	google-site-verific	Auto ▼	DNS only	✕

圖 2.3 域名記錄管理介面

內容分發網路要將指向來源站的請求分散到各個 CDN 節點上，也就是
說需要將一個域名解析成多個 IP 位址。要想了解這一點如何實現，我
們需要先了解域名解析的細節。

域名記錄並不是存放在一個域名伺服器上的，而是以分散式叢集的形
式存放在多個域名伺服器上的，這些域名伺服器的組成結構如圖 2.4 所
示。其中，處在最頂端的是根 DNS 伺服器，在世界上一共有 13 台。

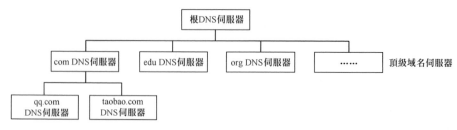

圖 2.4 域名伺服器的組成結構

域名解析是一個遞迴尋找的過程。使用者在存取某個域名（以 yeecode.
top 為例）時，先向 TCP/IP 中設定的首選 DNS 伺服器查詢域名對應的
IP 位址，這個 DNS 伺服器又叫作本地 DNS 伺服器（Local DNS）。如
果本地 DNS 伺服器中恰好負責管理該記錄或快取有該記錄，則將結果
IP 位址返回給使用者，域名解析結束。如果本地 DNS 伺服器中沒有記
錄，則本地 DNS 伺服器把請求轉發給根 DNS 伺服器，根 DNS 伺服器
會判斷該位址的頂層網域名（.top）由哪台頂層網域名 DNS 伺服器負
責，並將請求轉發給對應的頂層網域名 DNS 伺服器。頂層網域名 DNS
伺服器如果存有記錄則將其解析，如果不存有對應記錄則繼續轉發給
下一級的 DNS 伺服器。最終，找到負責管理該域名的 DNS 伺服器，
由它完成域名的解析，列出一個 IP 位址。可見，經過層層指派後，最
終負責管理該域名的 DNS 服務器具有域名的最終解析權。

在使用內容分發網路時，需要使用 CNAME 將來源站域名指向 CDN 服
務商指定的域名，而後者的解析由 CDN 服務商的 DNS 伺服器負責。
於是來源站域名的最終解析權就交到了 CDN 服務商提供的 DNS 伺服
器手中。

CDN 服務商的 DNS 伺服器並不會簡單地列出一個固定的 IP 位址，而
是根據使用者請求的來源 IP 等資訊，尋找出一個距離當前使用者最
近的 CDN 節點的 IP 後返回給使用者。這樣，使用者解析來源站的域
名，拿到的卻是 CDN 節點的位址。

之後，使用者請求便前往該 CDN 節點獲取內容。接下來 CDN 節點則
會分析使用者請求，如果是靜態資源請求則由 CDN 節點直接返回，如
果是動態資源請求則由 CDN 節點轉發給來源站處理。

圖 2.5 展示了當我們使用內容分發網路時的域名解析過程。

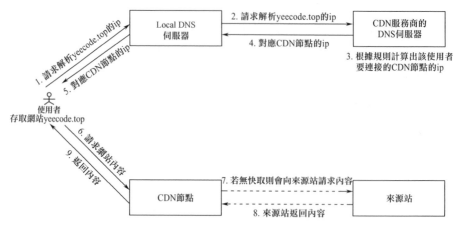

圖 2.5 內容分發網路的工作原理

經過 CDN 服務商的處理，網路上許多的指向來源站的請求，實際已經被分散到了不同的 CDN 節點上。對於使用者而言，這一切是無法感知的，他們總感覺自己在存取同一個域名。

現實中，許多網站都使用 CDN 服務商的服務，為自身網站的靜態資源建立了快取。因此，我們在瀏覽網站時獲得的靜態資源，多是從 CDN 節點上直接獲取的。

內容分發網路的局限性也是明顯的，它只能快取靜態內容而不能快取動態內容。對動態內容的請求最終還是要到來源站處理，如果來源站的動態請求過多，則需要透過其他策略對請求進行分流。

2.2 多位址直連

在內容分發網路中，無論是來源站還是 CDN 節點，都在提供給使用者某種服務。而進一步抽象，我們可以把內容分發網路的工作原理簡化為位址獲取和內容請求兩大步。

- 使用者向服務註冊中心獲取能提供某項服務的系統的具體位址。在這一步，服務註冊中心可以為不同的使用者提供不同的位址。
- 使用者前往提供服務的具體位址獲取內容。

上述流程是可以學習借鏡的，在沒有使用 CDN 服務或部署了多個來源站的情況下，我們也可以基於上述流程自行架設系統實現使用者請求的分流。在這個系統中，有三個核心角色。

- 使用者：在獲取某個服務前需要先向服務註冊中心請求服務位址，然後再前往服務位址獲取服務。
- 服務節點：能提供給使用者某項服務的節點。但在對外提供服務前需要將自己註冊給服務註冊中心，以便於使用者尋找自身的位址。
- 服務註冊中心：負責維護服務清單。在使用者請求服務位址時，根據一定規則返回某一個或幾個服務的位址。

整個系統的結構如圖 2.6 所示。

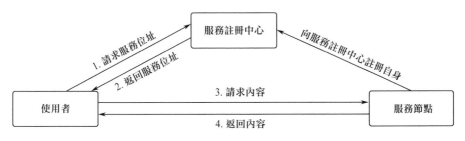

圖 2.6 基於註冊中心的直連模型

在這種結構下，服務節點可以向服務註冊中心註冊，也可以從服務註冊中心刪除註冊。因此，對外提供服務的節點可以靈活地變動。這種請求分流的方式很常見，如開放原始碼高性能服務框架 Dubbo 就採用這種方式將服務消費者的請求分配到服務提供者上。

圖 2.6 所示的系統可以進一步簡化成如圖 2.7 所示的形式。在這種方案中，使用者直接向規則中心請求位址分配規則，然後根據規則確定服務節點的位址。在這種模型下，位址分配的規則是人為設定的，在服務節點加入和退出時需要手動修改服務位址的規則，而不需要服務節點前往規則中心註冊。使用者獲取規則後，根據規則判斷自身應該去哪個位址請求服務。一般我們還會設定保底預設服務節點，來保證某些服務節點缺失時系統的可用性。

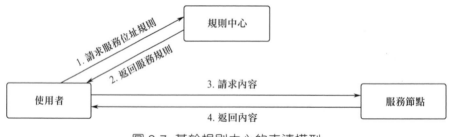

圖 2.7 基於規則中心的直連模型

這種基於規則中心的直連分流方式也有很多用武之地，如在發佈行動端 App 時，可以在 App 中內建一套規則解析程式，App 在獲取服務前會去規則中心請求最新的規則，並根據 App 所處的地理位置、網路位置、使用者 ID 等的不同，將自身請求分配到不同的服務節點上去。

在基於註冊中心的直連模型和基於規則中心的直連模型中，註冊中心和規則中心將使用者的請求進行了分流。在這個過程中，真正的服務請求並不需要註冊中心和規則中心的中轉，而是直接在使用者和服務節點間傳遞。註冊中心和規則中心僅需要處理簡單的位址解析請求或規則獲取請求即可。

圖 2.6 和圖 2.7 所示的系統要求使用者每一次請求內容前都需要存取服務註冊中心。因此服務註冊中心需要負載全量的查詢請求。上述兩種模型還可以繼續簡化，直接去除規則中心或將規則中心整合到使用者端，而由使用者選擇或直接由使用者端決定要造訪哪個服務。舉例來說，在下載資源的時候，網站會讓使用者選擇從哪個網站下載；在登入線上遊戲的時候，遊戲用戶端會直接根據我們的終端類型、登入方式等連接對應的伺服器等。

多位址直連方式可以實現請求的分流，但也需要我們在網路上部署和維護多個系統來提供服務。當然，我們也可以模仿 CDN 的實現，部署多個快取節點，而只部署一個來源站。

2.3 反向代理

經過內容分發網路或多位址直連方式的分流後，使用者的請求已經分散到了不同的系統上。這裡所説的系統指它對外呈現唯一的 IP 位址。

通常來說，一個確定的 IP 位址代表著一台確定的機器（節點），但這不是絕對的。透過代理可以讓多個節點對外表現出唯一的 IP 位址。

代理是在軟體架構和網路設計中都常接觸的概念。舉例來説，使用者端可以設定代理伺服器，讓所有的請求由代理伺服器發出。這樣一來，從外部看，所有的請求都由代理伺服器發出，無法判斷代理伺服器代理了多少使用者端。這種代理方式叫作正向代理，如圖 2.8 所示。

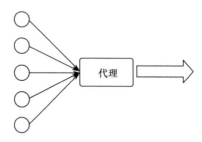

圖 2.8 正向代理

同樣地,服務端也可以設定代理伺服器。所有的請求都由代理伺服器接收,然後再由代理伺服器分發給後方的伺服器。這樣一來,從外部看,所有的請求都由代理伺服器處理,無法判斷代理伺服器後方到底有多少伺服器。這種代理方式叫作反向代理,如圖 2.9 所示。

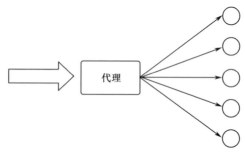

圖 2.9 反向代理

反向代理可以用來對請求進行分流,將請求分流到系統內部的多個節點上,從而減少每個節點的併發數。而這些節點在外界看來是一個系統,表現出唯一確定的 IP。

實現反向代理的方法有很多,可以根據反向代理工作層級的不同將它們分為兩種:四層反向代理和七層反向代理。這裡所說的層級是 OSI 參考模型的層級。OSI 參考模型將通訊功能劃分為七個層級,每一層向相鄰上層提供一套確定的服務,並使用與之相鄰的下層所提供的服務實現當前層級的功能和協定。OSI 參考模型的層級劃分和各層級功能如圖 2.10 所示。

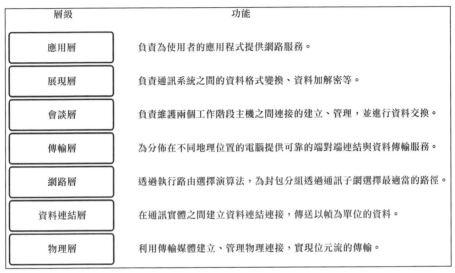

層級	功能
應用層	負責為使用者的應用程式提供網路服務。
展現層	負責通訊系統之間的資料格式變換、資料加解密等。
會談層	負責維護兩個工作階段主機之間連接的建立、管理,並進行資料交換。
傳輸層	為分佈在不同地理位置的電腦提供可靠的端對端連結與資料傳輸服務。
網路層	透過執行路由選擇演算法,為封包分組透過通訊子網選擇最適當的路徑。
資料連結層	在通訊實體之間建立資料連結連接,傳送以幀為單位的資料。
物理層	利用傳輸媒體建立、管理物理連接,實現位元流的傳輸。

圖 2.10 OSI 參考模型

在 OSI 參考模型中,第四層是傳輸層,TCP 協定和 UDP 協定等就工作在這一層;第七層是應用層,HTTP 協定和 FTP 協定等就工作在這一層。了解了這些之後,我們可以梳理清楚四層反向代理和七層反向代理的工作原理,如下所示。

■ 四層反向代理:可以根據使用者請求的 IP 和通訊埠編號進行轉發。
■ 七層反向代理:可以根據 FTP 請求、HTTP 請求中的具體內容進行轉發。舉例來說,可以根據 HTTP 請求的請求方法、URL、請求表頭、請求正文等資訊進行轉發。

四層反向代理處在 OSI 協定的更底層,所掌握的資訊更少,實現原理更為簡單,運行效率也更高。七層反向代理工作在應用層,可以收集到更多的資訊，因此它可以做的更為智慧。舉例來說，可以分析請求的 cookie 資訊，針對不同的 cookie 進行不同的處理，也可以分析請求的 URL，將一些針對特殊資源（如圖型資源）的請求轉發到特定的伺服器上。當然，獲取全面資訊的代價是犧牲了效率，相比於四層反向代理，七層反向代理的實現更為複雜，效率也更低。

在對系統的請求進行內部分流時，七層反向代理的應用最為廣泛。因為透過七層反向代理可以對外表現出完全一致的 IP 位址和通訊埠，然後根據請求的具體內容進行分流。Nginx 就是一種典型的七層反向代理軟體。接下來我們以 Nginx 為例簡介反向代理的實現。

當使用 Nginx 架設反向代理時，主要使用其 upstream 模組。upstream 即上游的意思，是指 Nginx 後方的服務節點。Nginx 只需要將請求以某種策略轉發給後方服務節點即可。

利用 Nginx 的轉發策略可以實現後方服務節點間的負載平衡，Nginx 支援的策略有輪詢、加權輪詢、請求來源 IP 位址雜湊，此外 Nginx 還支持使用者自己擴充策略。其中，輪詢策略是指平均地為後方的服務節點分配請求；加權輪詢是指按照一定的比例為後方服務節點分配請求；請求來源 IP 位址雜湊是指根據請求來源 IP 位址的雜湊結果將請求分配到後方服務節點上。請求來源 IP 位址雜湊策略有一個優點是只要請求方的 IP 位址不變，則服務它的後方服務節點也不變，這利於進行 Session 等資訊的維護。

Nginx 的設定在其 nginx.conf 檔案中。舉例來說，下面程式所示的設定就表示 Nginx 將監聽自身的 80 通訊埠，當收到路徑以 "/" 開頭的請求時，以 1:2 的比例轉發給名為 yeecode.top 的上游組中的兩個服務節點處理。

```
http
{
  # 這是一個虛擬的主機，該主機監聽localhost:80
  server
  {
    listen     80;
    server_name localhost;
    root html;
    index index.html index.htm;

    # 如果請求的位址以"/"開頭，則轉發到yeecode.top
    location ^~ /
    {
      proxy_pass http://yeecode.top;
    }
  }

  # 設定一組上游伺服器
  upstream yeecode.top
  {
      server 192.168.2.1:80 weight=1;
      server 192.168.2.2:80 weight=2;
  }
}
```

上述程式所示的反向代理轉發策略是固化到設定檔中的，而 Nginx 也可以透過嵌入指令稿的方式動態完成請求的轉發。在下面的設定中，Nginx 在遇到路徑以 "/abouts/" 開頭的請求時會呼叫 lua 指令稿，然後根據 lua 指令稿中列出的結果進行跳躍。這樣一來，我們可以在指令稿中完成分析請求的詳細資訊、查詢資料庫等複雜操作，從而實現更為靈活的轉發。

```
location ^~ /abouts/ {
  access_log off;

  #定義一個變數
  set $app_proxy "";

  #呼叫了lua指令稿
  access_by_lua_file "router.lua";

  #按照lua指令稿列出的變數值跳躍
  proxy_pass http://$app_proxy;
}
```

反向代理使請求在到達系統內部後，仍然可以被繼續分流，這為第 3 章所述服務平行設計的實施創造了條件。

服務平行設計

在請求到達系統前，我們透過分流設計對使用者的請求進行了分流。而在請求到達系統之後，我們仍然可以使用反向代理等方法在系統內部對請求進行分流，讓系統內的多個節點共同處理使用者的請求。

在系統內設定多個節點可以對請求進行進一步的分散，但也會引入資料同步、請求分配等問題。本節我們將詳細了解這方面的知識。但在此之前，我們需要先區分平行與併發的概念。

3.1　平行與併發

平行與併發是我們在架構設計與軟體開發中經常涉及的概念，不過兩者的意義並不完全相同。

平行（parallesim）是指在同一時刻有多個任務同時進行。舉例來說，你在家中一邊讀書一邊聽歌，則「既讀書又聽歌」描述的就是平行。

因為讀書和聽歌這兩件事情是同時發生的,如圖 3.1 所示。

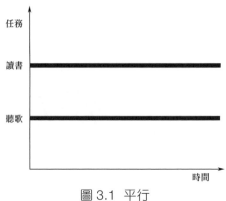

圖 3.1 平行

併發(concurrency)是指多個任務中的每個任務都被拆分成細小的任務片,從屬於不同任務的任務片被輪番處理。因此,任意時刻都只有一個任務在進行。但是從巨觀上看,這些任務像是被同時處理的。舉例來說,你在家中一邊讀書一邊看綜藝節目,則「既讀書又看綜藝節目」描述的就是併發。因為在任意時刻,你不是在低頭讀書,就是在抬頭看綜藝節目,這兩件事情實際是交替進行的,如圖 3.2 所示。

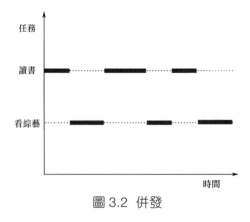

圖 3.2 併發

所以說,平行是一種真正意義上的「並」,而併發只是巨觀表現上的「並」。

不過要注意的是，併發和平行的區分僅限於微觀。從巨觀上看，併發或平行的任務都像是同時開展的。以併發請求為例，在同一時刻向某個系統發送大量請求，這些請求幾乎會被同時處理。而這些請求在系統內部是被「平行」處理還是被「併發」處理的，則無法從系統外部判斷出來。所以，巨觀上常常將「平行」和「併發」統稱為「併發」。

本節介紹的是將單節點系統拆分為多節點系統。拆分後的系統中，每個節點都有獨立的處理器。因此，各個節點之間的處理操作一定是平行的。

3.2 叢集系統

叢集系統是實現系統內分流的一種最簡單的方法。在這種叢集系統中，可以部署多個節點，每個節點都是同質的（指具有同樣的設定、運行同樣的程式），共同對外提供服務。可以透過反向代理等方法將外界請求分配到系統的節點上。系統的結構如圖 3.3 所示。

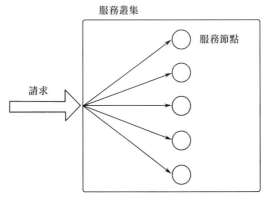

圖 3.3 叢集系統

這樣的叢集系統也會帶來一些問題。一個最明顯的問題是同一個使用者發出的多個請求可能會落在不同的節點上，打破服務的連貫性。舉例來說，使用者發出 R1、R2 兩個請求，且 R2 請求的執行要依賴 R1 請求的資訊（舉例來說，R1 請求會觸發一個任務，而 R2 請求用來查詢任務的執行結果）。如果 R1 請求和 R2 請求被分配到不同的節點上，則 R2 請求的操作便無法正常執行。

為了解決上述問題，存在以下幾種叢集方案，我們逐一介紹。

3.2.1 無狀態的節點叢集

最容易實現單節點到多節點擴充的系統是無狀態系統，它可以拆分為多個無狀態節點。所謂無狀態節點是說，假設使用者 U 先後發出 R1、R2 兩個請求，則無論 R2 請求和 R1 請求是否落到同一個節點上，R2 請求都能得到同樣的結果。某個節點列出的結果與該節點之前是否收到 R1 請求完全無關。

很多節點是有狀態的。舉例來說，某個節點接收到外部請求後修改了某物件的屬性，那後面的請求查詢物件屬性時便可以讀取到修改後的結果，如果後面的請求落到了其他節點上，則讀取到的是修改前的結果。

要想讓系統滿足無狀態，必須保證其所有的介面是恒等類別介面。即介面被呼叫前後，系統狀態不能發生任何改變。顯然只有查詢類別介面能夠滿足這個需要。

即使是多個無狀態節點組成的系統，也會出現協作問題。典型的就是平行喚醒問題。舉例來說，我們需要為一個包含多個無狀態節點的系統增加定時功能，在每天凌晨對外發送一封郵件。我們會發現該叢集中的所有節點會在凌晨被同時喚醒，並各自發送一封郵件。

我們希望整個系統對外發送一封郵件，而非讓每個節點都發送一封。可叢集的節點確實會這樣工作，因為所有節點是同質的，它們運行的程式是一致的。

我們可以透過外部請求喚醒來解決無狀態節點叢集的平行喚醒問題。在指定時刻，由外部系統發送一個請求給服務叢集觸發定時任務。因為該請求最終只會交給一個節點處理，因此實現了獨立喚醒。

無狀態節點叢集設計簡單，可以方便地進行擴充。但只適合滿足無狀態要求的系統，其應用範圍比較受限。

3.2.2 單一服務節點叢集

許多服務是有狀態的，使用者的歷史請求在系統中組成了上下文，系統必須結合使用者上下文對使用者的請求進行回應。在聊天系統中，使用者之前的對話（是透過過去的請求實現的）便是上下文；在遊戲系統中，使用者之前購買的裝備、晉升的等級（也是透過過去的請求實現的）便是該使用者的上下文。

要想讓一個系統是有狀態的，則必須要在處理使用者的每個請求時能讀取和修改使用者的上下文資訊。這在單一節點的系統中是容易實現的，只要將每個使用者的資訊都保存在這個節點上即可。而在節點叢集中，這一切就變得複雜起來。其中一個最簡單的辦法是在節點和使用者之間建立對應關係，圖 3.4 展示了這種對應關係。

- 任意使用者都有一個對應的節點，該節點上保存有該使用者的上下文資訊。
- 使用者的請求總是落在與之對應的節點上的。

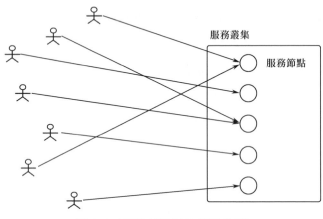

圖 3.4　使用者與指定節點對應

這種系統的非常大的特點就是各個節點是隔離的。這些節點運行同樣的程式，具有同樣的設定，然而卻保存了不同使用者的上下文資訊，各自服務自身對應的使用者。

雖然叢集包含多個節點，但是從使用者角度看服務某個使用者的卻始終是同一個節點，因此我們將這種叢集稱為單一服務節點叢集。

實現單一服務節點叢集要解決的最重要的問題便是如何建立和維護使用者與節點之間的對應關係。具體的實現有很多種，下面我們列舉常用的幾種。

- 在使用者註冊時由使用者選擇節點，很多遊戲服務就採用這種方式。
- 在使用者註冊時根據使用者所處的網路分配節點，一些郵件服務採用的就是這種方式。

- 在使用者註冊時根據使用者 id 分配節點，許多聊天系統採用這種方式。
- 在使用者登入時隨機或使用規則分配節點，然後將分配結果寫入 cookie，接下來根據請求中的 cookie 將使用者請求分配到指定節點。

其中最後一種方式與前幾種方式略有不同。前幾種方式能保證使用者對應的節點在整個使用者週期內不會改變，而最後一種方式則只保證使用者對應的節點在一次階段週期內不會改變。最後一種方式適合用在兩次階段之間，無上下文關係的場景下。舉例來說，一些登入系統、許可權系統等，它只需要維護使用者這次階段的上下文資訊。

無論採用哪種方式，都保證了使用者在階段過程中對應的節點不會改變。系統只需要在階段中將使用者的請求路由到對應的節點即可。該路由操作根據系統分流方案的不同由反向代理、規則中心等元件完成。

單一服務節點叢集方案能夠解決有狀態服務的問題。但因為各個節點之間是隔離的，無法互相備份，當某個服務節點崩潰時，將使該節點對應的使用者失去服務。因此，這種設計方案的容錯性比較差。

3.2.3 資訊共用的節點叢集

有一種方案可以解決有狀態服務問題，並且不會因為某個服務節點崩潰而造成某些使用者失去服務，那就是資訊共用的節點叢集。在這種叢集中，所有節點連接到一個公共的資訊池中，並在這個資訊池中儲存所有使用者的上下文資訊，該系統如圖 3.5 所示。

這是一種非常常見的將單節點系統擴充為多節點系統的方式。一般來說服務節點和資訊池分別部署在不同的機器上，我們可以透過部署和啟動多個服務節點的方式來擴充叢集。

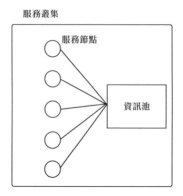

圖 3.5 資訊共用的節點叢集

資料庫常作為資訊池使用。當任何一個節點接收到使用者請求時,都從資料庫中讀取該使用者的上下文資訊,然後根據使用者請求進行處理。在處理結束後,立刻將新的使用者狀態寫回資料庫中。除了傳統資料庫,也可以是其他類型的資訊池。舉例來說,使用 Redis 將資訊池作為共用記憶體,儲存使用者的 Session 資訊。

在資訊共用的節點叢集中,每個節點都從資訊池中讀取和寫入使用者狀態,因此對於使用者而言,每個節點都是相等的。使用者的請求落在任意一個節點上都會得到相同的結果。

在這種叢集中,節點之間的資訊是互通的,因此可以使用分散式鎖解決平行喚醒等節點間的協作問題。一種簡單的做法是在定時任務被觸發時,每個節點都向資訊池中以同樣的鍵寫入一個不允許覆蓋的資料。最終肯定只有一個節點能夠寫入成功,這個寫入成功的節點獲得執行定時任務的許可權。

資訊共用的節點叢集透過增加服務節點而提升了叢集的運算能力。但因為多個節點共用資訊池,受到資訊池容量、讀寫性能的影響,系統在資料儲存容量、資料吞吐能力等方面的提升並不明顯。

3.2.4 資訊一致的節點叢集

對於資訊共用的節點叢集而言，其運算能力是分散到各個節點上的，但其儲存能力卻是集中在資訊池中的。這使得資訊池成了故障單點和性能瓶頸。

為了避免資訊池成為整個系統的瓶頸，我們可以讓每個節點獨立擁有自身的資訊池。為了繼續保證系統提供有狀態的服務，我們必須確保各個資訊池中的資料資訊是一致的，如圖 3.6 所示。

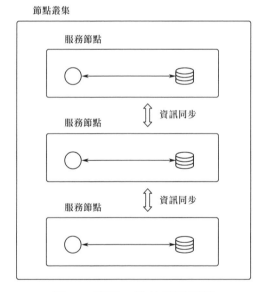

圖 3.6 資訊一致的節點叢集

這種資訊一致的節點叢集通常也會被稱為分散式系統，但從嚴格意義上講，它仍然是叢集。因為分散式系統中的節點是異質的，不同的節點可能從屬系統中的不同模組。而這裡的節點是同構的，它們的出現是為了分擔高併發數帶來的壓力。但是，資訊一致的節點叢集也需要面對分散式系統中經常面對的問題——分散式一致性問題。

分散式一致性要求使用者在分散式系統的某個節點上進行了變更操作並經過一定時間後，能夠從系統中的每個節點上讀取到這個變更。

我們可以透過圖 3.7 所示的例子來簡單了解分散式一致性問題。

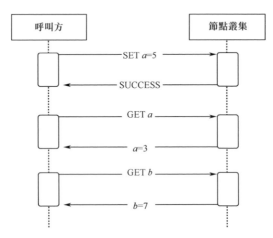

圖 3.7　分散式一致性

在圖 3.7 中，呼叫方首先透過節點叢集將變數 a 的值設定為 5，然後去讀取變數 a 的值，結果讀取到變數 a 的值為 3。這種情況是完全有可能發生的，因為使用者的兩次讀寫操作可能存取的是兩個節點，只要節點之間的資訊不同步或同步存在延遲，便會出現這種情況。

如果圖 3.7 中所示的情況可能發生，那該節點叢集便不滿足一致性（至少是不滿足線性一致性）。如果節點叢集不滿足一致性，那從叢集中讀出的任何值都不是可信的。舉例來說，某個呼叫方從節點叢集中讀出 $b=7$，則這個結果不可信，因為其他的呼叫方完全可能在同一時刻讀到 $b=8$。

在定義一致性的概念時，我們說在「一定時間後」能夠讀取到變更。根據「一定時間」的長短可以將一致性分為許多類型。舉例來說，嚴格一致性、線性一致性（又叫強一致性、原子一致性）、因果一致性、最終一致性等。

要實現分散式一致性，就是要完成各個節點之間的資訊同步。根據要實現一致性的強度不同，其成本也不同。舉例來說，要實現線性一致性，我們可以使用兩階段提交演算法、三階段提交演算法等，這些演算法的實施會對各個節點的吞吐量造成較大影響；要實現最終一致性，我們可以使用具有重試功能的非同步訊息中心等，這種方式對節點的吞吐量影響較小，但是叢集可能會出現讀寫不一致的情況。具體採用哪種資訊同步方式達到哪種等級的一致性，需要我們根據實際的應用場景定奪。

資訊一致的節點叢集適合用在讀多寫少的場景下。在這種場景下，較少發生節點間的資訊同步，並且能充分發揮多個資訊池的吞吐能力優勢。

3.3 分散式系統

叢集系統將一個節點的併發請求數分散到多個節點上，降低了每個節點的壓力。在叢集系統中，各個節點是同質的，各自運行一套完整且相同的應用程式。如果應用程式比較複雜，其性能會受到硬體資源的限制。

應用從誕生之初便不斷發展，在這個發展過程中，應用的功能可能會增加、應用的邊界可能會擴充，進而包含越來越多的模組。最終，應用可能會變為一個包含許多功能模組的單體應用（又稱巨石應用）。當這樣的應用運行在物理節點上時，便會因為 CPU 資源、記憶體資源、

IO 資源等的不足導致性能降低。這種性能的降低不是由併發數高引發的,而是由系統自身的複雜性引發的。

除了效率問題,單體應用也帶來了開發維護、可靠性方面的問題。

- 業務邏輯複雜:應用中包含了許多功能模組,而每個模組都可能和其他模組存在耦合。應用程式開發者必須了解系統的所有模組的業務邏輯後才可以展開開發工作。這給開發者,尤其是新開發者帶來了挑戰。
- 變更維護複雜:應用中任何一個微小的變動與升級都必須重新部署整個系統,隨之而來的還有各種全量測試、回歸測試等工作。
- 難以分拆升級:應用中不同元件需要的軟硬體資源可能不同,但是因為它們都被整合進了系統中,難以對它們進行單獨的升級。
- 可靠性變差:任何一個功能模組的異常都可能導致應用的當機,導致整個應用不可用。而應用模組許多,又會使得應用很難在短時間內恢復。

為了解決以上問題,我們可以將單體應用拆分成多個子應用,讓每個子應用部署到單獨的機器上,以此來提升系統的效率、可靠性。這時,單體應用變成了分散式應用,如圖 3.8 所示。

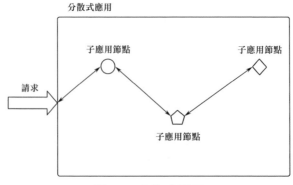

圖 3.8 分散式應用

分散式應用透過拆分子應用，將原本集中在一個應用、機器上的壓力分散到多個應用、機器上。進一步提升了系統的壓力承載能力。分散式應用還便於單體應用內部模組之間的解耦，使得這些子應用可以獨立地開發、部署、升級和維護。

當然，分散式應用也要解決分散式一致問題。舉例來說，在一個分散式系統中，子應用 A1 負責完成商品訂單管理功能，子應用 A2 負責完成庫存管理功能。當外部購買請求到達分散式應用後，如果子應用 A1 完成了訂單生成工作，則子應用 A2 也應該完成庫存扣減工作。即兩個子應用之間的狀態變化應該是一致的。其具體實現方法和第 3.2.4 節中介紹的方法相同，此處不再贅述。

在實際生產中，應該優先對大的單體應用進行拆分，將其拆分為分散式系統。當拆分後的分散式系統因為併發數過高而遇到性能瓶頸時，再將併發數過高的子應用隨選部署成為叢集系統，如圖 3.9 所示。

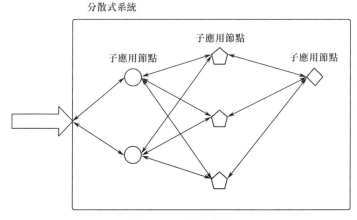

圖 3.9 分散式叢集

這種演進方式使得每個子應用能夠根據自身工作情況針對限制因素進行擴充。舉例來說，有的子應用需要擴充運算能力，有的子應用需要擴充儲存能力,有的子應用則不需要擴充。這避免了對大的單體應用進行擴充所造成的資源浪費,更為合理和高效。

3.4 微服務系統

在分散式應用中,每個子應用存在的目的是完成分散式應用中的部分功能。子應用和應用之間存在嚴格的從屬關係。然而,這種嚴格的從屬關係卻可能造成性能的浪費。

舉例來說,存在一個應用 A,它包含著三個子應用,分別是負責完成商品訂單管理功能的子應用 A1,負責完成庫存管理功能的子應用 A2和負責完成金額核算功能的子應用 A3。當我們需要進行銷售金額核算(涉及訂單管理和金額核算)時,需要呼叫應用 A。此時,應用 A 下的子應用 A2 與這次操作請求無關,它是閒置的。這就表示,當應用 A 在執行一些操作時,與操作無關的相關子應用是閒置的,無法發揮其性能。

這就相當於商店只提供漢堡、可樂、薯片組成的套餐,而當我們不需要可樂時,購買這種套餐便造成了浪費,而避免浪費的方式是允許我們自由組合購買。

於是,我們可以在進行銷售金額核算(涉及訂單管理和金額核算)時直接呼叫子應用 A1 和子應用 A3,而在進行庫存資產核算(涉及庫存管理和金額核算)時直接呼叫子應用 A2 和 A3。這樣,我們不需要在子應用的外部封裝一個應用 A,而是直接讓各個子應用對外提供服務。而外部的呼叫者則可以根據需要自由地選擇服務。這便組成了微服務系統。

在微服務叢集中，每個微服務子應用都是完備的、可獨立對外服務的，也可以自由組合後對外提供服務，具有很高的靈活性。圖 3.10 展示了微服務叢集。

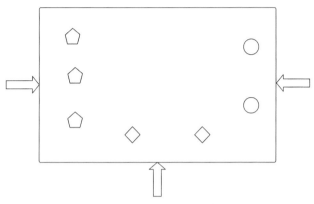

圖 3.10　微服務叢集

每個微服務子應用對各種資源的依賴程度是不同的，被呼叫的頻次也是不同的，因此，我們可以針對每個微服務子應用進行資源設定、叢集設定，從而提升每個微服務子應用的時間效率、資源使用率、容量。

在單體應用內部，任何一個模組都有可能和其他模組存在耦合。在微服務叢集中，每個微服務的內聚性很高，而和其他微服務的耦合很低。因此，對於某個微服務而言，只要保證對外介面不變，可以自由修改內部邏輯。這使每個微服務可由獨立的團隊開發、維護、升級，而不需要了解其他微服務的實現細節。這有利於提升系統的成熟度、可用性、容錯性和可恢復性。

運算併發

經過服務平行設計之後，使用者的請求已經被分散到了系統的節點上，這裡的節點可能是叢集系統中的節點，可能是分散式應用中的節點，也可能是微服務系統中的節點。但無論如何，每個節點都是一個獨立的應用程式。

在節點的內部，依然可以繼續進行併發（這裡所說的併發是廣義的併發，也包括平行）設計，以便讓使用者的請求能被高效率地處理。節點內部的併發設計主要分為三個層次：多處理程序、多執行緒和多程式碼協同。接下來我們會逐層對它們多作說明。

4.1　多處理程序

首先我們要清楚，如果一個程式是多處理程序的，那多個處理程序之間的運算可能是平行的也可能是併發的。這取決於運行程式的 CPU 的核心數。如果 CPU 是單核心的，則一定是併發的；如果 CPU 是多核心的，則在 CPU 的排程下可能平行也可能併發。

處理程序是資源設定的最小單位，擁有獨立位址空間，因此處理程序之間的切換需要對位址空間進行切換。處理程序間切換的負擔很大。在 Linux 中，當進行處理程序切換時，系統會先進入核心態，並在核心態完成位址空間的切換，暫存器、程式計數器、執行緒堆疊的切換等工作，然後再切換回使用者態。另外，在處理程序切換後，會導致快取中原來的舊資料故障，需要重新預熱快取。

也正因為每個處理程序的資源獨立，處理程序之間存在很強的隔離性。當一個處理程序因為資源耗盡等原因崩潰時，不會影響其他處理程序。

當我們需要用多處理程序的形式運行一個應用時，往往不需要對這個應用進行特殊開發，只需要修改應用的服務通訊埠，並在某台機器上多次啟動即可。舉例來說，我們有一個最大記憶體使用量為 7GB 的應用，則可以把該應用在記憶體為 16GB 的機器上啟動兩次，並為兩次啟動指定不同的服務通訊埠。這樣，我們在充分利用硬體資源的基礎上獲得了兩個獨立的邏輯節點。這兩個獨立的邏輯節點各自佔有一個處理程序，各自具有獨立的通訊埠、記憶體資源，運行在同一硬體機器上。

多處理程序應用中各個處理程序之間的通訊比較複雜，因此較難實現處理程序之間的協作。通常我們在應用中使用多處理程序是為了使用處理程序間的隔離特性。

4.2　多執行緒

每個處理程序內都有一個或多個執行緒。處理程序內的執行緒間共用記憶體，因此執行緒之間的切換效率更高。

同一個處理程序內的多個執行緒在執行時，可能是平行的也可能是併發的，這同樣也取決於 CPU 的排程。當 CPU 資源比較缺乏時，多個執行緒可能由一個核心來執行，這時多個執行緒會共用 CPU 的時間切片，此時多個執行緒是併發的；當 CPU 資源比較充足時，多個執行緒可能由多個核心來執行，這時多個執行緒便是平行的。

即使執行過程是併發的而非平行的，多執行緒也能提高運算的效率，這是因為多執行緒提高了 CPU 運算資源的使用率，並且多執行緒之間的通訊比較簡單，更容易實現協作。因此，多執行緒是一種最常用的運算併發方式。

接下來我們以 Java 為例介紹多執行緒的使用。

4.2.1　執行緒的狀態及轉換

執行緒一共分為以下五種狀態。

- 新建（New）：新創建的執行緒處於這一狀態，這時執行緒具有自身的記憶體空間。在被觸發後會進入可運行狀態。
- 可運行（Runnable）：處在這一狀態的執行緒具備了運行條件，正在等待 CPU 資源。獲得 CPU 資源後，執行緒轉入運行中狀態。
- 運行中（Running）：處在這一狀態的執行緒佔有 CPU 資源，並正在處理執行緒內的任務。它可能因為任務執行結束而轉入結束狀態；可

能因為等待使用者輸入、等待鎖、等待其他執行緒執行完畢等,進入
阻塞狀態。

■ 阻塞(Blocked):處在這一狀態的執行緒釋放了 CPU 資源,需要等
待某些條件滿足後才能繼續獲得 CPU 資源。阻塞狀態又可以分為以
下三種子狀態。

　• 等待阻塞:對執行緒的鎖物件執行等待方法後,持有鎖的執行緒會
進入等待阻塞。直到等待時間到,或被重新喚醒後,處在該狀態的
執行緒才會進入同步阻塞。

　• 同步阻塞:處在該狀態的執行緒需要獲得同步鎖,才能進入可運行
狀態。

　• 其他阻塞:處在這一狀態的執行緒需要使用者輸入、等待其他執行
緒執行結束等。之後會轉入可運行狀態。

■ 結束(Dead):處在這一狀態的執行緒已經執行結束。

圖 4.1 列出了執行緒狀態轉化圖,並列出了執行緒狀態轉化對應的 Java
操作。在下面的 Java 操作中,t 表示執行緒物件,Thread 表示執行緒
類別、o 代表物件。

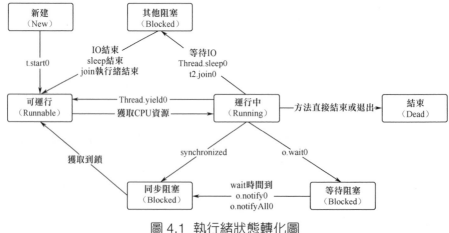

圖 4.1　執行緒狀態轉化圖

在以上各個狀態中，只有處在運行中狀態的執行緒才會佔用 CPU 資源。當某個執行緒阻塞時，CPU 資源便會讓渡給其他執行緒，提升了 CPU 的使用率，也就提升了程式的運行效率。每個執行緒都有一個優先順序屬性，優先順序高的執行緒獲得 CPU 使用權的機率更大，而低優先順序的執行緒也並不是沒有機會獲得 CPU 的使用權。

4.2.2 多執行緒的應用場景

使用多執行緒的目的顯然是為了併發，但從應用場景上區分主要可以分為兩種：一種是透過併發提升效率；另一種是透過併發實現非同步作業。

1. 用以提升效率

透過併發提升效率的應用場景被提及的次數比較多。舉例來說，存在一個任務，工作過程包括佔用 IO 的資料讀取、佔用 CPU 的資料處理、佔用 IO 的資料寫出三個部分。當使用多執行緒時，可以使得多個執行緒的資料處理部分依次佔用 CPU，防止在單執行緒情況下 CPU 在 IO 操作時的閒置。

在這種場景下，任務的總執行用時是要考慮的主要指標，這取決於最後一個完成的任務。因此，我們主要關注執行時間最長的執行緒。

2. 用以實現非同步作業

透過併發來實現非同步作業是為了提前釋放主執行緒。舉例來說，前端請求讓後端處理一個長耗時任務。在不使用多執行緒的情況下，後端只能在任務結束後再回應前端，如圖 4.2（左）所示。這會導致前端請求被長時間阻塞。這種情況增加了請求的回應時間，而維持請求也會帶來資源的浪費。

使用多執行緒，我們可以調起一個新的執行緒來處理長耗時任務，而讓主執行緒快速回應請求後關閉，整個過程如圖 4.2（右）所示。

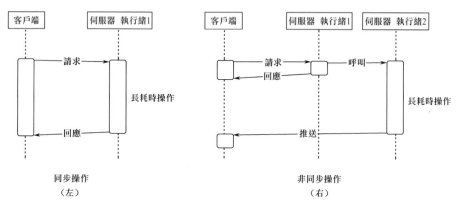

圖 4.2 請求操作的非同步執行

在這種應用場景下，主執行緒的執行用時是要考慮的主要指標，而副執行緒的執行用時並不重要。

在這種非同步場景下，前端可以使用第 10.2 節所述的短輪詢、長連接、長輪詢、後端推送等各種方式來獲取後端任務的執行狀態。如圖 4.2 中（右）所示，展示的是基於後端推送的非同步作業方式。

非同步作業除了能夠實現主執行緒的快速返回，還能夠幫助主執行緒剝離非核心操作。有時我們需要在主任務外進行一些無關緊要或對時效性無要求的操作，便可以在主執行緒中調起新的執行緒非同步完成這些操作，而讓主執行緒專注於核心操作。舉例來説，我們需要在操作中記錄記錄檔，則記錄檔記錄操作可以在一個新的執行緒中展開，它的時效性，甚至成功失敗與否對主執行緒都不會造成影響。

4.2.3 多執行緒的創建

了解了多執行緒在各種場景下的優勢後,我們討論如何創建多執行緒。

1. 繼承 **Thread** 類別

最簡單的創建新執行緒的方式是繼承 Thread 類別。Thread 類別就是 Java 中的執行緒類別,直接創建一個執行緒類別便可以啟動新的執行緒。在下面的程式中,NewThread 類別繼承了 Thread 類別,並重新定義了 run 方法。在 run 方法中可以寫入該執行緒需要執行的工作。

```
class NewThread extends Thread {
    @Override
    public void run() {
        System.out.println("run function is in Thread :" +  Thread.
currentThread().getName());
        for (int i = 0; i < 3; i++) {
            System.out.println("Thread " + Thread.currentThread().getName()
+ " print : " + i);
        }
    }
}
```

然後我們在主執行緒中生成 NewThread 的實例,並呼叫實例的 start 方法,便可以啟動新執行緒,並讓新執行緒完成自身定義的工作。

```
public static void main(String[] args) {
    System.out.println("main function is in Thread :" + Thread.
currentThread().getName());
    NewThread newThread = new NewThread();
    // 啟動新執行緒
    newThread.start();
    for (int i = 0; i < 3; i++) {
```

```
      System.out.println("Thread " + Thread.currentThread().getName() +
" print : " + i);
    }
}
```

> 📁 **備註**
>
> 該範例的完整程式請參閱 PerformanceDemo 專案（網址 https://github.
> com/yeecode/PerformanceDemo）中的範例 1。

運行上述程式可以得到圖 4.3 所示的結果。可以看出，main 方法運行
在 main 執行緒中，而 run 方法處在了一個新執行緒 Thread-0 中，且執
行緒 Thread-0 可以和執行緒 main 併發執行。

```
Run:    Main ×
▶  ↑   main function is in Thread :main
▪  ↓   run function is in Thread :Thread-0
◉  ⇥   Thread main print : 0
⊡  ⇥   Thread Thread-0 print : 0
▪  ➡   Thread main print : 1
⚲  🗑   Thread Thread-0 print : 1
       Thread main print : 2
       Thread Thread-0 print : 2

       Process finished with exit code 0
```

圖 4.3　範例執行結果

但是要注意，一定要呼叫新執行緒實例的 start 方法，而不要直接呼叫
run 方法。start 方法會啟動新的執行緒，並在新的執行緒裡執行 run 方
法。直接呼叫 run 方法就轉變成了最基本的物件方法呼叫，無法啟動新
的執行緒。

2. 基於 Runnable 介面

繼承 Thread 類別確實可以實現多執行緒，但是不建議這樣使用，因為

這種使用方法中 Thread 的職責不清楚。在繼承 Thread 類別的範例中，我們在執行緒子類別的 run 方法中寫入了執行緒要執行的操作。但是，執行緒物件應該只代表執行緒，而不應該和它要執行的操作綁定。

因此，更為合理的辦法是先創建一個任務物件，然後將任務物件載入到執行緒物件中。任務物件可以由實現 Runnable 介面的類別實例化得到。宣告任務類別的方法如下所示。

```
class Task implements Runnable {
    @Override
    public void run() {
        System.out.println("run function is in Thread :" +  Thread.
currentThread().getName());
        for (int i = 0; i < 3; i++) {
            System.out.println("Thread " + Thread.currentThread().getName()
+ " print : " + i);
        }
    }
}
```

在新執行緒中啟動任務的操作如下所示。

```
public static void main(String[] args) {
    System.out.println("main function is in Thread :" + Thread.
currentThread().getName());
    // 創建一個執行緒並將任務載入
    Thread thread = new Thread(new Task());
    // 啟動新執行緒
    thread.start();
    for (int i = 0; i < 3; i++) {
        System.out.println("Thread " + Thread.currentThread().getName() +
" print : " + i);
    }
}
```

> **📁 備註**
>
> 該範例的完整程式請參閱 PerformanceDemo 專案（網址 https://github.
> com/yeecode/PerformanceDemo）中的範例 2。

整個程式的運行結果和圖 4.3 完全一致。只不過這種實現方法從物件導向的角度來看更為合理，而且這種方式實現了任務和執行緒的解耦。我們可以在定義一個任務之後，將其載入到多個執行緒中執行。

3. 基於 Callable 介面

在有些場景下，主執行緒在觸發子執行緒之後，還需要獲得各個子執行緒的執行結果。這時，基於 Runnable 介面的實現方式便無法滿足要求，而要基於 Callable 介面實現。

在 Runnable 介面中，任務需要寫在 run 方法中，而 run 方法並沒有返回值。在 Callable 介面中，任務需要寫在 call 方法中，call 方法提供一個 Object 類型的返回值寫入執行緒的執行結果。主執行緒可以獲取這個返回值。

不過 Callable 介面的實例不能直接載入到執行緒物件中執行，而需要使用 FutureTask 類別進行包裝。FutureTask 類別是一個包裝器，它同時實現了 Future 介面和 Runnable 介面。Future 介面中定義了查詢任務是否完成、取消任務、獲得任務結果等操作方法。

基於 Callable 介面實現多執行緒時，任務定義如下所示。它只是將 Runnable 介面改成了 Callable 介面，將 run 方法改成了 call 方法，並增加了返回值。

```
class Task implements Callable {
    @Override
    public Object call() {
        System.out.println("run function is in Thread :" +  Thread.
currentThread().getName());
        for (int i = 0; i < 3; i++) {
            System.out.println("Thread " + Thread.currentThread().getName()
+ " print : " + i);
        }
        // 該任務的返回值
        return "result from " + Thread.currentThread().getName();
    }
}
```

啟動新執行緒，並拿到新執行緒返回結果的操作，如下所示。

```
public static void main(String[] args) {
    System.out.println("main function is in Thread :" + Thread.
currentThread().getName());
    // 使用FutureTask包裝任務
    FutureTask futureTask = new FutureTask(new Task());
    // 創建一個執行緒並將任務載入
    Thread thread = new Thread(futureTask);
    // 啟動新執行緒
    thread.start();
    for (int i = 0; i < 3; i++) {
        System.out.println("Thread " + Thread.currentThread().getName() +
" print : " + i);
    }
    // 獲取新執行緒的返回值
    try {
        System.out.println("return value form new thread : " + futureTask.
get());
```

```
    } catch (Exception e) {
        e.printStackTrace();
    }
}
```

> 📁 **備註**
>
> 該範例的完整程式請參閱 PerformanceDemo 專案（網址 https://github.
> com/yeecode/PerformanceDemo）中的範例 3。

執行上述操作我們可以得到圖 4.4 所示的結果。

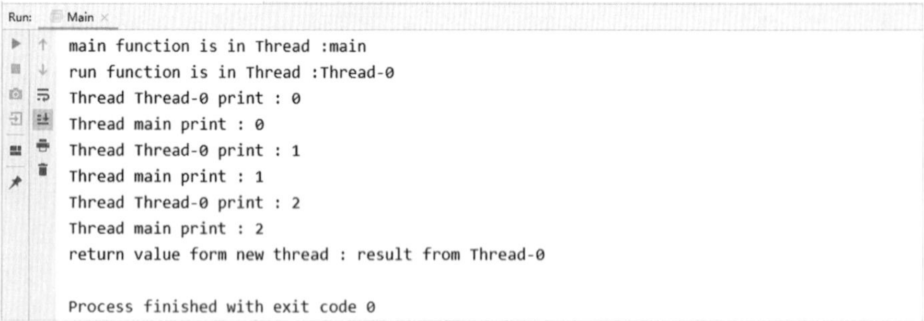

```
Run:    Main ×
  ▶  ↑   main function is in Thread :main
  ▪  ↓   run function is in Thread :Thread-0
  ◎  ⇄   Thread Thread-0 print : 0
  ⤓  ⥮   Thread main print : 0
  ▦  🖶   Thread Thread-0 print : 1
  📌      Thread main print : 1
         Thread Thread-0 print : 2
         Thread main print : 2
         return value form new thread : result from Thread-0

         Process finished with exit code 0
```

圖 4.4　範例執行結果

4.2.4　執行緒池

相比於處理程序，執行緒的創建成本比較低，但也需要進行空間的初始化等工作。執行緒池則提供了執行緒回收利用的途徑，減少了執行緒創建、銷毀帶來的性能損失。

執行緒池，顧名思義就是一個存放執行緒的池子，當需要執行緒時可以從執行緒池中取出執行緒，當不需要執行緒時也不需要銷毀執行緒，只需要將執行緒還入執行緒池即可。執行緒池帶來了以下的優點：

- 透過執行緒的列出與收回實現了執行緒的重複利用，從而減少了執行緒頻繁創建與銷毀帶來的性能損耗。
- 獲得執行緒不需要創建，而只需要從執行緒池取出。這提升了獲取執行緒的速度。

圖 4.5 列出了執行緒池相關類別的類別圖。了解這些類別的關係能幫助我們更進一步地厘清執行緒池的結構。

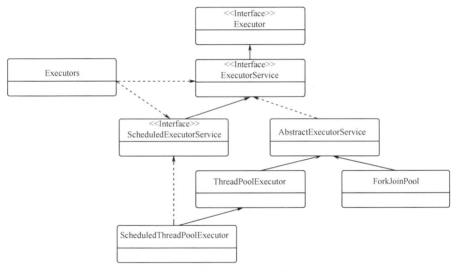

圖 4.5 執行緒池相關類別的類別圖

其中，Executor 是一個頂層的執行緒池介面，而 ExecutorService 介面則在 Executor 介面的基礎上定義了更多的方法，包括提交任務、執行任務、關閉執行緒池等多種方法。而最終的執行緒池都是 ExecutorService 的實現類別，我們可以使用 ExecutorService 中的方法控制執行緒池。

ExecutorService 有一個子介面 ScheduledExecutorService，該介面定義了按照計畫執行的介面。因而繼承了它的 ScheduledThreadPoolExecutor

類別具有按照計畫喚醒池內執行緒的功能。如果我們不需要使用計畫執行功能，則可以使用 ThreadPoolExecutor 類別作為執行緒池。

在 Executor 的子類別中，非抽象的類別只有 ScheduledThreadPool Executor 類別、ThreadPoolExecutor 類別、ForkJoinPool 類別，前兩者我們已經釐清了。ForkJoinPool 類別我們將在第 4.2.5 節介紹。

Executors 類別是一個工廠類別，透過它我們可以創建各種執行緒池。其常用的方法如下所示。

- ExecutorService newSingleThreadExecutor()：該方法列出一個只包含一個執行緒的執行緒池。

- ExecutorService newFixedThreadPool(int nThreads)：該方法返回一個包含 nThreads 個執行緒的執行緒池。

- ExecutorService newCachedThreadPool()：該方法列出一個可根據需求狀況調整容量的執行緒池。

- ScheduledExecutorService newSingleThreadScheduledExecutor()：該方法列出一個具有計劃執行功能的包含一個執行緒的執行緒池。

- ScheduledExecutorService newScheduledThreadPool(int corePoolSize)：該方法列出一個具有計劃執行功能的包含 corePoolSize 個執行緒的執行緒池。

執行緒池的出現不僅提升了性能，也方便了我們的程式設計。我們不需要再關注具體的執行緒。而只需要將併發進行的任務交給執行緒池，執行緒池則會協調內部的執行緒資源幫我們完成任務。

執行緒池都實現了 ExecutorService 介面，我們可以使用 ExecutorService 介面中的方法來控制和使用執行緒池。其中常用的方法如下所示。

- Future<T> submit(Callable<T> var1)：向執行緒池提交一個 Callable 任務，並能透過返回的 Future 物件拿到運行結果。

- Future<?> submit(Runnable var1)：向執行緒池提交 Runnable 任務，因為 Runnable 任務沒有返回值，所以透過 Future 物件拿到的為 null。

- List<Future<T>> invokeAll(Collection<? extends Callable<T>> var1)：向執行緒池提交多個任務。

- void shutdown()：關閉執行緒池，要注意的是關閉執行緒池而非關閉執行緒池裡的執行緒。該操作會使執行緒池不再接受新的任務，而直到已有任務全部執行完成後才會關閉。

- List<Runnable> shutdownNow()：立刻關閉執行緒池。該操作會使執行緒池不再接受新的任務，而已經接受的任務可能會被執行完，也可能會被放棄。這取決於關閉執行緒池時各個任務的狀態。

使用執行緒池完成操作並不複雜，具體可以分為三步：

- 創建執行緒池。
- 向執行緒池提交任務，執行緒池會協調內部執行緒，併發完成這些任務。
- 關閉執行緒池，表明不再提交新的任務。

下面的程式列出了執行緒池的使用範例。其中，RunnableDemo 實現了 Runnable 介面的類別，CallableDemo 是實現了 Callable 介面的類別。

```java
public static void main(String[] args) {
    // 創建一個具有3個執行緒的執行緒池
    ExecutorService executorService = Executors.newFixedThreadPool(3);
    // 向執行緒池中提交任務
```

```
    Future futureOfRunnableDemo = executorService.submit(new RunnableDemo());
    Future futureOfCallableDemo = executorService.submit(new CallableDemo());
    // 關閉執行緒池
    executorService.shutdown();
    // 獲取任務結果
    try {
        System.out.println("result of RunnableDemo :" +
futureOfRunnableDemo.get());
        System.out.println("result of CallableDemo :" +
futureOfCallableDemo.get());
    } catch (Exception e) {
        e.printStackTrace();
    }
}
```

📂 備註

該範例的完整程式請參閱 PerformanceDemo 專案（網址 https://github.
com/yeecode/PerformanceDemo）中的範例 4。

運行上述程式，可以得到圖 4.6 所示的結果。

```
Run:    Main ×
  ▶  ↑   call function is in Thread :pool-1-thread-2
  ■  ↓   run function is in Thread :pool-1-thread-1
  ▣  ⇥   Thread pool-1-thread-2 print : 0
  ⊡  ⊫   Thread pool-1-thread-1 print : 0
  ≡  ⊟   Thread pool-1-thread-2 print : 1
  ⚲      Thread pool-1-thread-1 print : 1
          Thread pool-1-thread-2 print : 2
          Thread pool-1-thread-1 print : 2
          result of RunnableDemo :null
          result of CallableDemo :CallableDemo result from pool-1-thread-2

          Process finished with exit code 0
```

圖 4.6 範例執行結果

透過執行結果可以得出以下幾個結論：首先，雖然執行緒池中包含三個執行緒，但因為我們只提交了兩個任務，因此只有兩個執行緒參與了工作；其次，參與工作的兩個執行緒確實是併發的；最後，可以向執行緒池中提交 Runnable 的任務，也可以提交 Callable 的任務，而 Callable 的任務在運行結束後可以列出返回值。

執行緒池的使用既提高了併發的效率，又簡化了併發程式設計的難度，是多執行緒程式設計中一種非常好的方法。

4.2.5 多執行緒資源協作

在前面的多執行緒介紹中，各個執行緒獨立工作，並沒有進行執行緒之間的協作。而執行緒之間的協作是經常發生的，其主要表現為兩種形式：一種是資源上的協作，主要表現為競爭；另一種是進度上的協作，又叫作同步。

本節我們先介紹多執行緒的資源協作。

前面已經提到過，同一處理程序內的各個執行緒是共用資源的，但這也帶來了一個問題，即資源競爭。當某個執行緒在操作某個物件時，如果另一個執行緒也操作此物件，則可能造成被操作物件的混亂。

如圖 4.7 所示，一個 User 物件的屬性 i 的初值為 3，兩個執行緒均一次 i++ 操作，則物件的值應該變為 5。但最終因為兩個執行緒操作衝突，i 值變成了 4。這是因為 i++ 表面上看是一個操作，但實際上卻包含了讀、寫兩步操作。當多個執行緒同時操作一個變數時，各個執行緒的操作可能會穿插進行，從而導致結果的混亂。

因此，在操作資源時，多個執行緒之間必須要協作才能避免衝突。

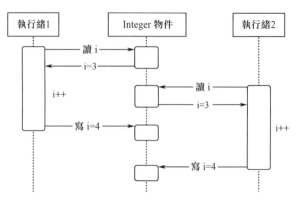

圖 4.7　多執行緒衝突

1. 記憶體模型

為瞭解多執行緒資源衝突的原因，我們需要先瞭解 Java 的記憶體模型。

Java 記憶體模型將 Java 記憶體分為主記憶體和工作記憶體兩種，如圖 4.8 所示。主記憶體是各個執行緒共用的，而工作記憶體則是執行緒獨有的。執行緒在進行工作時，不能直接操作主記憶體，只能操作自身的工作記憶體。工作記憶體可以讀取主記憶體的資料，也可以將資料寫入主記憶體。

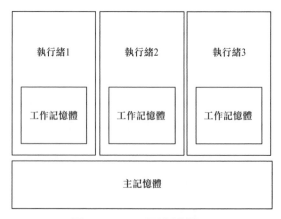

圖 4.8　Java 記憶體模型

Java 記憶體模型實際是對 Java 記憶體中的堆積、堆疊的進一步抽象，主記憶體對應了 Java 記憶體中的堆積，而工作記憶體則對應了各個執行緒的堆疊空間。物件、靜態域、陣列元素均存在於主記憶體中，而工作記憶體中可以存有這些資料的引用或備份。

執行緒要想操作物件，必須先將物件從主記憶體中讀取工作記憶體，然後操作。操作完成後再把工作記憶體中的物件寫入主記憶體。如果一個執行緒讀取某個物件時，另一個執行緒已經讀取並正在操作這個物件，則此時物件的狀態可能出現混亂。

2. 禁止併發修改

出現圖 4.7 中多執行緒衝突的根本原因是多個執行緒同時修改了一個物件。

如果物件能夠保證在任意時刻最多只能被一個執行緒修改，那圖 4.7 中的問題便不會出現。

仍然以 User 物件為例。如果下面程式中的 getAndAdd 方法在任意時刻最多只能被一個執行緒呼叫，就從被操作物件的角度出發，避免了多執行緒衝突。因為只有一個執行緒呼叫完成後，下一個執行緒才能呼叫，永遠不會出現多個執行緒交換操作的情況。

```java
class User {
    private Integer i;
    public Integer getAndAdd() {
        Integer oldValue = i;
        i = i+ 1;
        return oldValue;
    }
}
```

Java 中的 synchronized 關鍵字就是為了解決多執行緒衝突而設計的。
以下面的程式所示，只要使用 synchronized 修飾一個方法，則這個方
法便在任意時刻最多只能被一個執行緒呼叫。

```java
class User {
    private Integer i;
    public synchronized Integer getAndAdd() {
        Integer oldValue = i;
        i = i+ 1;
        return oldValue;
    }
}
```

synchronized 關鍵字修飾的區域叫作臨界區。在任意時刻，某個物件的
臨界區內最多只能有一個執行緒。

這時我們再思考另外一個問題，下面所示的物件 User 中，如果一個
執行緒正在呼叫 getAndAdd 方法，那能否有另一個執行緒同時呼叫被
synchronized 關鍵字修飾的 getJ 方法呢？

```java
class User {
    private Integer i;
    private Integer j;
    public synchronized Integer getAndAdd() {
        Integer oldValue = i;
        i = i+ 1;
        return oldValue;
    }
    public synchronized Integer getJ() {
        return j;
    }
    public Integer getI() {
```

```
        return i;
    }
}
```

答案是不能。因為呼叫 getAndAdd 方法內部是 User 物件的臨界區，getJ 方法內部也是 User 物件的臨界區。一個執行緒只要進入了 User 物件的臨界區，則它獲得的是整個 User 物件的操作許可權。不可能有另外一個執行緒進入 User 物件的任何臨界區。但是，其他執行緒可以操作 getI 方法，因為該方法內部不是臨界區，不受限制。

synchronized 關鍵字不僅可以修飾方法，還可以直接修飾一段程式，並指定這段程式是哪個物件的臨界區。

```
synchronized(object){
  // object物件的臨界區
}
```

臨界區實際是在主記憶體中給被操作物件加了排他鎖，當已經有執行緒進入臨界區時，任何妄圖再次進入臨界區的其他執行緒會被暫停。

臨界區的設立對併發性能的損耗很大，所以我們在使用時要慎重，儘量縮小臨界區的範圍。舉例來說，如果物件的某個方法中只有幾行程式會引發多執行緒衝突，則使用 synchronized 關鍵字修飾這幾行程式，而不要直接修飾整個方法。

既然 synchronized 修飾符號是在替物件加鎖以實現執行緒同步的，那我們也可以顯性地使用鎖來完成這一切。常見的，ReentrantLock 類別就是一個這樣的鎖。另外可以使用 volatile 修飾符號來修飾可能被多個執行緒操作的變數，它可以看作是針對變數等級的 synchronized 修飾符號。

3. 執行緒安全物件

Java 從避免被操作物件被併發修改的角度出發，解決多執行緒衝突。如果一個物件的所有操作都不會引發執行緒衝突，那這個物件就被稱為執行緒安全物件。不需要額外的機制，多個執行緒可以放心地共同操作同一個執行緒安全物件而不會引發混亂。

Java 準備了許多執行緒安全物件，供我們在進行多執行緒程式設計時使用，典型的是原子物件。舉例來説，其中的 AtomicInteger，對它進行 i++（對應於其 getAndIncrement 方法）則是一個不可再分的原子操作，絕對不會出現多執行緒衝突，而且該原子操作的實現也不是透過加鎖實現的，而是透過更高效的 CAS 操作完成的。

Java 對內建提供的執行緒安全物件進行了效率方面的最佳化，和更多安全角度的考量。我們應當優先從其中選用，這能提升我們軟體的性能。

4. 執行緒獨享資源

多執行緒要進行資源協作的根本原因是執行緒間的資源分享。如果資源是執行緒獨享的，便避免了這一問題。Java 中確實提供了機制來實現執行緒對資源的獨享，那就是 ThreadLocal。

我們可以把 ThreadLocal 當作一個包裝類別，任何經過該類別包裝的物件都屬於執行緒獨有，而不會在執行緒之間共用。在下面的程式中，我們設定了 selfNumber 和 selfString 兩個 ThreadLocal 變數，然後在主執行緒、Task01 所在執行緒、Task02 所在執行緒中分別操作這兩個變數。

```java
public class Main {
    static ThreadLocal<Integer> selfNumber = new ThreadLocal<>();
    static ThreadLocal<String> selfString = new ThreadLocal<>();
```

```java
    public static void main(String[] args) {
        try {
            String threadName = Thread.currentThread().getName();
            Thread thread01 = new Thread(new Task01());
            Thread thread02 = new Thread(new Task02());
            thread01.start();
            thread02.start();
            Thread.sleep(2L);
            System.out.println(threadName + "  selfNumber :" + selfNumber.
get());
            System.out.println(threadName + "  selfString :" + selfString.
get());
        } catch (Exception ex) {
            ex.printStackTrace();
        }
    }


    private static class Task01 implements Runnable {
        public void run() {
            String threadName = Thread.currentThread().getName();
            System.out.println(threadName + "  selfNumber :" + selfNumber.
get());
            System.out.println(threadName + "  selfString :" + selfString.
get());
            selfNumber.set(3001);
            selfString.set("hello");
            System.out.println(threadName + "  selfNumber :" + selfNumber.
get());
            System.out.println(threadName + "  selfString :" + selfString.
get());
        }
    }

    private static class Task02 implements Runnable {
        public void run() {
```

```
        String threadName = Thread.currentThread().getName();
        System.out.println(threadName + "  selfNumber :" + selfNumber.
get());
        System.out.println(threadName + "  selfString :" + selfString.
get());
        selfNumber.set(8002);
        selfString.set("world");
        System.out.println(threadName + "  selfNumber :" + selfNumber.
get());
        System.out.println(threadName + "  selfString :" + selfString.
get());
    }
  }
}
```

📂 **備註**

該範例的完整程式請參閱 PerformanceDemo 專案（網址 https://github.
com/yeecode/PerformanceDemo）中的範例 5。

可以得到圖 4.9 所示的運行結果。可見，上述三個執行緒的操作互不干
擾。

```
Run:    Main
   ↑    Thread-0  selfNumber :null
   ↓    Thread-1  selfNumber :null
        Thread-0  selfString :null
        Thread-1  selfString :null
        Thread-0  selfNumber :3001
        Thread-1  selfNumber :8002
        Thread-0  selfString :hello
        Thread-1  selfString :world
        main  selfNumber :null
        main  selfString :null

        Process finished with exit code 0
```

圖 4.9 範例結果

經過 ThreadLocal 包裝的物件會被執行緒獨享，是因為每個執行緒都有
一個獨有的空間，經過 ThreadLocal 包裝的物件會被放入這個空間中。
這個獨有的空間是 Thread 類別的屬性，叫作 ThreadLocalMap。當我們
為某個執行緒寫入任意的 ThreadLocal 變數時，該變數的名和值會作為
Map 的鍵和值儲存到執行緒的 ThreadLocalMap 屬性中。

透 過 ThreadLocal 的 原 始 程 式 可 以 看 到 變 數 的 名 和 值 在
ThreadLocalMap 中儲存的情況。下面為 ThreadLocal 的 get 方法的原始
程式。

```
/**
 * 獲取當前執行緒的ThreadLocal的值
 */
public T get() {
    // 獲取當前執行緒
    Thread t = Thread.currentThread();
    // 讀取當前執行緒對應的ThreadLocalMap
    ThreadLocalMap map = getMap(t);
    if (map != null) {
        // 讀取變數名稱對應的值
        ThreadLocalMap.Entry e = map.getEntry(this);
        if (e != null) {
            @SuppressWarnings("unchecked")
            T result = (T)e.value;
            return result;
        }
    }
    return setInitialValue();
}
```

因此，我們可以用圖 4.10 表示上面程式中的設定陳述式運行結束後，
執行緒與各變數值的關係。

圖 4.10 ThreadLocal 中變數與執行緒的關係

ThreadLocal 實際是用空間換取時間的。透過給每個執行緒分配一個儲存空間的方式，避免了執行緒存取共用資源時的等待。

使用 ThreadLocal 時有一點需要特別注意。每個 ThreadLocal 屬於一個執行緒，而當這個執行緒被執行緒池回收時，其 ThreadLocal 不會發生變化。因此，從執行緒池中取出的執行緒的 ThreadLocal 並不一定是空的，而是可能帶有上次執行時期的 ThreadLocal 資料。一般來說我們需要在從執行緒池中取出執行緒後，再對其 ThreadLocal 變數進行一次初始化。

4.2.6 多執行緒進度協作

多個執行緒之間不僅需要圍繞資源進行協作，還需要進行進度的協作。實現多執行緒間進步協作的機制是多執行緒同步機制。透過這一機制，我們可以協調多個執行緒執行的相對順序。

圖 4.11 所示的同步非常簡單，很容易實現。但是很多場景下會有一些更為複雜的同步要求，我們簡介其中的幾種，並列出它們在 Java 中對應的實現類別。最後，我們還會介紹實現多執行緒同步的利器──標誌。

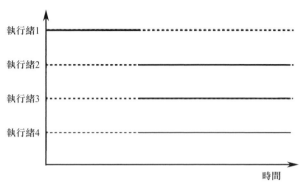

圖 4.11 總分式同步範例

1. 分總式同步

圖 4.12 展示了分總式同步，即必須要等執行緒 1、執行緒 2、執行緒 3 中運行最慢的運行結束後，才可以運行執行緒 4。我們將其稱為分總式同步，即幾個執行緒均完成工作後，才可以共同觸發後續的一個或多個執行緒開展工作。

圖 4.12 分總式同步範例

這是一種非常常見的同步方式，例如某幾個執行緒分別完成各個部分的工作，等各部分的工作全部完成之後，才能由一個或幾個執行緒進行整理。

CountDownLatch 類別可以幫助我們實現這種多執行緒同步方式。
CountDownLatch 中包含的方法很簡單，主要有以下幾個。

- CountDownLatch(int count)：該類別唯一的構造方法，傳入的數字表示需要被計數幾次後才能啟動特定的執行緒。
- void await()：呼叫該方法的執行緒將被暫停，直到 CountDownLatch 計數達到指定次數後才會被喚醒。
- boolean await(long timeout, TimeUnit unit)：呼叫該方法的執行緒將被暫停，直到 CountDownLatch 計數達到指定次數或達到 timeout 指定的時間才會被喚醒。
- void countDown()：進行一次計數。
- long getCount()：讀取已經計數了多少次。

基於 CountDownLatch 我們可以透過下面的程式實現圖 4.12 中的整理觸發式協作。在下面的程式中，我們以 PostTask 執行緒作為執行緒 4，將 CountDownLatch 的設定值設為 3，然後啟動了三個運行 Task 的任務的執行緒。這樣，只有當三個 Task 任務都完成後，PostTask 所在的執行緒才能被喚醒。

```java
public class Main {
    // 設定CountDownLatch的計數設定值為3
    private static CountDownLatch countDownLatch = new CountDownLatch(3);

    public static void main(String[] args) {
        try {
            // 啟動需要被喚醒的執行緒
            Thread postTaskThread = new Thread(new PostTask());
            postTaskThread.start();
            // 啟動三個前置執行緒
            for (int i = 0; i < 3; i++) {
```

```
            Thread thread = new Thread(new Task());
            thread.start();
        }
    } catch (Exception ex) {
        ex.printStackTrace();
    }
}

private static class Task implements Runnable {
    public void run() {
        try {
            String threadName = Thread.currentThread().getName();
            System.out.println(threadName + " starts running.");
            // 睡眠一個隨機的時間，類比執行緒的執行時間差異
            Thread.sleep((long) (Math.random() * 100));
            countDownLatch.countDown();
            System.out.println(threadName + " completed.");
        } catch (Exception e) {
            e.printStackTrace();
        }
    }
}

private static class PostTask implements Runnable {
    public void run() {
        try {
            String threadName = Thread.currentThread().getName();
            // 暫停，並等待喚起
            countDownLatch.await();
            // 只有當執行緒重新被countDownLatch喚起後，才能執行下面的敘述
            System.out.println(threadName + " is activated.");
        } catch (Exception e) {
            e.printStackTrace();
```

```
            }
         }
      }
}
```

> 📁 **備註**
>
> 該範例的完整程式請參閱 PerformanceDemo 專案（網址 https://github.com/yeecode/PerformanceDemo）中的範例 6。

運行後的結果如圖 4.13 所示。

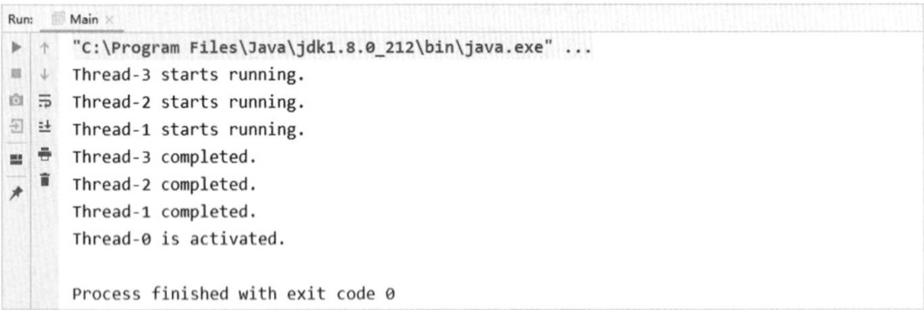

```
Run:    Main ×
 ▶  ↑    "C:\Program Files\Java\jdk1.8.0_212\bin\java.exe" ...
 ▮  ↓    Thread-3 starts running.
 ▣  ⇥    Thread-2 starts running.
 ⊡  ⇵    Thread-1 starts running.
 ▦  🖶    Thread-3 completed.
 ★       Thread-2 completed.
         Thread-1 completed.
         Thread-0 is activated.

         Process finished with exit code 0
```

圖 4.13 範例程式運行結果

2. 柵欄式同步

在有些場景下，每個執行緒都有一個柵欄，先運行到柵欄處的執行緒必須等待，直到運行到柵欄處的執行緒數達到一定數目時，各個執行緒才能一起越過柵欄繼續運行，如圖 4.14 所示。

現實生活中的團購、拼購就是這樣的過程，先準備購買的人必須等待。直到要購買的人數達到一定值時，才能作為一批一起購買。

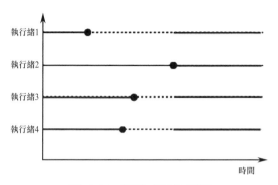

圖 4.14 柵欄式同步範例

CyclicBarrier 類別可以幫助我們完成這種方式的同步。該類別的主要方法如下。

- CyclicBarrier(int parties)：構造方法，傳入的參數表明必須在柵欄處湊齊 parties 數目的執行緒後，才會將這些執行緒放行。

- CyclicBarrier(int parties, Runnable barrierAction)：構造方法，必須在柵欄處湊齊 parties 數目的執行緒後，才會將這些執行緒放行，而且湊齊數目的這些執行緒中，最晚到達的執行緒會在放行前運行一次 barrierAction 操作。

- int await()：當執行緒到達柵欄時，需要呼叫該函數表明自身到達柵欄並開始等待。返回值表明執行緒的到達順序，最先到達的返回（parties-1），最後到達的返回 0。當返回 0 時，也表示柵欄將要放行了。

我們可以使用 CyclicBarrier 實現圖 4.14 中的柵欄式同步。以下面程式所示，必須要湊夠 4 個執行緒才能透過柵欄，而我們開啟了 5 個執行緒，這表示最晚完成第一階段的執行緒，將永遠無法集齊足夠的執行緒再開啟柵欄。而且，我們還在放行柵欄前，給最後到達的執行緒安排了一個額外的 Action 任務。

```java
public class Main {
    // 每一批次要湊夠4個執行緒
    private static CyclicBarrier cyclicBarrier = new CyclicBarrier(4,new
Action());

    public static void main(String[] args) {
        try {
            // 我們開啟4個執行緒
            for (int i = 0; i < 5; i++) {
                Thread thread = new Thread(new Task());
                thread.start();
            }
        } catch (Exception ex) {
            ex.printStackTrace();
        }
    }

    private static class Task implements Runnable {
        public void run() {
            try {
                String threadName = Thread.currentThread().getName();
                Thread.sleep((long) (Math.random() * 100));
                System.out.println(threadName + " 完成第一階段工作");
                // 到達柵欄
                System.out.println(threadName + "到達，柵欄倒計數： " +
cyclicBarrier.await());
                System.out.println(threadName + " 進入第二階段工作");
            } catch (Exception e) {
                e.printStackTrace();
            }
        }
    }

    private static class Action implements Runnable {
```

```
    public void run() {
        try {
            String threadName = Thread.currentThread().getName();
            System.out.println(threadName + " 進行額外任務");
        } catch (Exception e) {
            e.printStackTrace();
        }
    }
}
```

> 📁 **備註**
>
> 該範例的完整程式請參閱 PerformanceDemo 專案（網址 https://github.com/yeecode/PerformanceDemo）中的範例 7。

運行後的結果，如圖 4.15 所示。

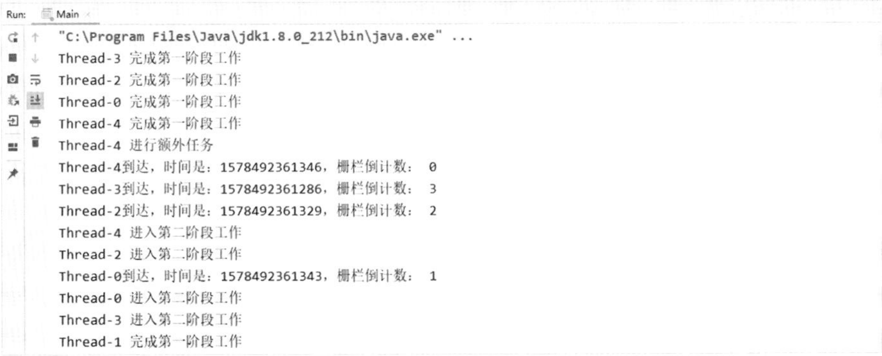

圖 4.15 範例程式運行結果（編按：本圖為簡體中文介面）

範例結果中，前 4 個到達柵欄的執行緒依次是 Thread-3、Thread-2、Thread-0、Thread-4，注意這裡要以 cyclicBarrier.await() 列出的結果，或列印出的時間戳記為準，而不要以輸出到主控台上的順序為準。這是因為各個執行緒在到達柵欄並運行 await 方法之後，立刻被暫停了。它們列印到主控台上的「Thread-4 到達，時間是：1578492361346，柵欄倒計數：0」等敘述是在它們被同時喚醒時進行的。

這 4 個執行緒中最晚到達的 Thread-4 執行緒還需要執行額外任務，即 Action 類別中定義的任務。

所有執行緒中最晚到達的 Thread-1 在執行完 await 方法之後也被立刻暫停，但再也不會湊夠 4 個執行緒將其喚醒了。

所以基於 CyclicBarrier，我們可以很方便地實現每湊夠固定數目的執行緒喚醒一批執行緒的功能。

3. 總分總式同步

總分總式同步是一種非常常見的同步方式，如圖 4.16 所示。執行緒 1 進行的是主任務，然後拆分成為執行緒 2、執行緒 3、執行緒 4 三個子任務併發運行，併發運行結束後，再由總任務繼續執行。

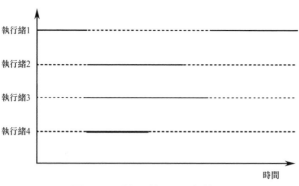

圖 4.16 總分總式同步範例

基於總分總式同步，我們可以充分利用現代 CPU 的多核心性，使用分治法完成一些較為複雜的計算工作。要想基於 Java 快速完成這種形式的同步，可以使用 ForkJoinPool 類別。ForkJoinPool 類別是在圖 4.5 中提及的 AbstractExecutorService 的子類別。

舉例來說，我們想要計算一個數字 n 的階乘，那我們實際上可以計算 $\prod_1^{\left[\frac{n}{2}\right]} \times \prod_{\left[\frac{n}{2}\right]+1}^{n}$ ，這樣，我們就把一個大的計算拆分為兩個小的計算。而這兩個小的計算可以繼續拆，直到達到一個可以計算的大小，然後再將所有的結果整理起來。這其實就是一個分治的過程，ForkJoinPool 可以幫助我們快速完成該過程。

下面展示了基於 ForkJoinPool 實現併發疊代計算 n 的階乘的原始程式。

```java
public class Main {
    public static void main(String[] args) {
        try {
            // 創建執行緒池
            ForkJoinPool forkJoinPool = new ForkJoinPool();
            // 計算某個數字的階乘
            Integer num = 7;
            Future<Integer> result = forkJoinPool.submit(new
FactorialCalculator(num));
            System.out.println(num +"! = "+result.get());
        } catch (Exception e) {
            e.printStackTrace();
        }
    }

    private static class FactorialCalculator extends RecursiveTask<Integer> {
        private static final long serialVersionUID = 1L;
        private static final int THRESHOLD = 2;
        private int start;
        private int end;
```

```
public FactorialCalculator(int end) {
    this.start = 1;
    this.end = end;
}

public FactorialCalculator(int start, int end) {
    this.start = start;
    this.end = end;
}

@Override
public Integer compute() {
    String threadName = Thread.currentThread().getName();
    int result = 1;
    if ((end - start) < THRESHOLD) {
        for (int i = start; i <= end; i++) {
            result *= i;
        }
        System.out.println(threadName + "計算完成[" + start +"," +
end+"]之間的乘積，得到結果為："+result);
    } else {
        int middle = (start + end) >>> 1;
        // 進行任務的拆分與分別計算
        System.out.println(threadName + "將[" + start +"," + end+"]
任務拆分為[" + start +"," + middle+"] 和 [" +  (middle+1) +"," + end+"] 兩
個子任務");
        FactorialCalculator leftPartCalculator = new
FactorialCalculator(start, middle);
        FactorialCalculator rightPartCalculator = new
FactorialCalculator(middle + 1, end);
        leftPartCalculator.fork();
        rightPartCalculator.fork();
```

```
          // 合併任務結果
          result = leftPartCalculator.join() * rightPartCalculator.
join();
          System.out.println(threadName + "將[" + start +"," +
middle+"] 和 [" +  (middle+1) +"," + end+"] 兩個子任務的結果進行了合併，得
到[" + start +"," + end+"]之間的乘積，得到結果為："+result);
          }
          return result;
      }
    }
}
```

> **📂 備註**
>
> 該範例的完整程式請參閱 PerformanceDemo 專案（網址 https://github.
> com/yeecode/PerformanceDemo）中的範例 8。

運行後，我們可以得到圖 4.17 所示的結果。

```
Run:   Main
▶ ↑    "C:\Program Files\Java\jdk1.8.0_212\bin\java.exe" ...
■ ↓    ForkJoinPool-1-worker-9將[1,7]任務拆分為[1,4] 和 [5,7] 两个子任务
▣ 与    ForkJoinPool-1-worker-2將[1,4]任務拆分為[1,2] 和 [3,4] 两个子任务
幻 坒    ForkJoinPool-1-worker-11將[5,7]任務拆分為[5,6] 和 [7,7] 两个子任务
■ 喟    ForkJoinPool-1-worker-9计算完成[1,2]之间的乘积，得到结果为：2
▥ ▮    ForkJoinPool-1-worker-4计算完成[3,4]之间的乘积，得到结果为：12
⚲      ForkJoinPool-1-worker-4计算完成[5,6]之间的乘积，得到结果为：30
       ForkJoinPool-1-worker-4计算完成[7,7]之间的乘积，得到结果为：7
       ForkJoinPool-1-worker-2將[1,2] 和 [3,4] 两个子任务的结果进行了合并，得到[1,4]之间的乘积，得到结果为：24
       ForkJoinPool-1-worker-11將[5,6] 和 [7,7] 两个子任务的结果进行了合并，得到[5,7]之间的乘积，得到结果为：210
       ForkJoinPool-1-worker-9將[1,4] 和 [5,7] 两个子任务的结果进行了合并，得到[1,7]之间的乘积，得到结果为：5040
       7! = 5040

       Process finished with exit code 0
```

圖 4.17 範例程式運行結果（編按：本圖為簡體中文介面）

可見我們基於 ForkJoinPool 將一個任務拆分成了多個子任務進行了平行計算，然後又將平行計算的結果進行了整理。這就是一個總分總式同步的過程。

4. 標誌

在多執行緒的進度協作中，最強大和靈活的類別應該是標誌類別 Semaphore 了。標誌 Semaphore 維護了一個許可集合，每個執行緒可以向 Semaphore 中釋放許可，也可以從 Semaphore 中申請許可。如果一個執行緒沒有申請到自己需要的許可數目，則這個執行緒會被暫停。直到該執行緒被分配到足夠的許可時才會被喚醒，然後繼續運行。

我們用 S 來表示標誌中許可的數目，則恒有 $S \geq 0$。透過標誌 Semaphore 中許可數目 S 的增減，多個執行緒間可以實現同步。

Semaphore 類別的常用方法如下：

- Semaphore(int permits)：構造方法，用來創建一個帶有 permits 個初始許可的標誌。
- void acquire(int permits)：執行緒呼叫該方法，該操作會從標誌中取走 permits 個許可。如果當前的許可不足 permits 個，則執行緒會被暫停，直到存在足夠多的許可分配給它時，它才會喚醒。
- void release(int permits)：執行緒呼叫該方法，在標誌增加 permits 個許可。

另外，Semaphore 類別還支援非阻塞的許可獲取和釋放方法，也支援設定許可發放規則等。

基於標誌可以很方便地實現圖 4.18 所示的生產者消費者協作。只要讓生產者執行緒負責生產許可，消費者執行緒負責消費許可即可。

然而標誌的功能不僅如此，基於標誌可以實現分總式同步、柵欄式同步、總分總式同步等上述所述的各種同步方式，以及一些更為複雜的同步，從而完成各種進度協作。

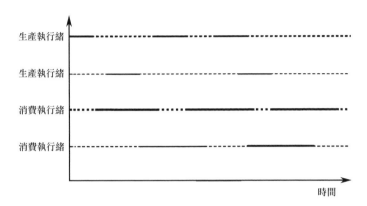

圖 4.18　生產者消費者式協作範例

不僅如此，基於標誌也能實現資源協作。這是因為標誌本身就是為解決包括資源協作和進度協作在內的併發協作問題而設計的。

標誌的概念由荷蘭電腦科學家艾茲赫爾 · 戴克斯特拉（Edsger W. Dijkstra）提出，他還列出了標誌的兩種操作。

- P 操作：獲取一個許可，即令 $S=S-1$。注意，P 操作可以執行的條件是執行結束後 $S \geq 0$，否則 P 操作執行失敗。試圖進入臨界區的執行緒需要執行 P 操作，如果執行成功，則執行緒可以正常進入臨界區；否則執行緒進入等待佇列，直到被分配到許可後才能正常進入臨界區。
- V 操作：釋放一個許可，即令 $S=S+1$。如果等待佇列中存在執行緒，可以將該許可分配給等待中的執行緒。

透過 PV 操作我們可以實現執行緒間的互斥，如圖 4.19 所示。透過 PV 操作我們也可以實現執行緒間的觸發，如圖 4.20 所示（在執行緒 1 已經被暫停的情況下，圖中執行緒 2 在進行 V 操作的瞬間釋放了許可，這會導致執行緒 1 的 P 操作成功，即喚醒了執行緒 1，於是執行緒 1 會

從 P 操作處繼續向下執行。）既然能夠實現執行緒間的互斥與觸發，則
資源協作和併發協作問題都可以實現。

圖 4.19 PV 操作實現的執行緒間互斥　圖 4.20 PV 操作實現的執行緒間觸發

可見標誌和 PV 操作是實現執行緒間協作的利器。

📂 備註

> 互斥鎖其實是標誌的特殊形式。當一個標誌只包含 1 個許可時，那這
> 個標誌就是鎖。哪個操作方獲取了唯一的許可，就獲取了鎖。

而 Java 中的 Semaphore 類別則支持更為靈活的 PV 操作，它允許一次
向標誌申請和釋放多個許可。

下面的程式展示了基於 Semaphore 類別實現的較為複雜的多執行緒協
作。

```java
public class Main {
    // 假設初始時存在0個許可
    private static Semaphore semaphore = new Semaphore(0);

    public static void main(String[] args) {
        try {
            // 生產許可和釋放許可數目不同的6個執行緒
            ExecutorService executorService = Executors.newCachedThreadPool();
            executorService.execute(new RunDemo(1, 2));
```

```
            executorService.execute(new RunDemo(0, 4));
            executorService.execute(new RunDemo(3, 4));
            executorService.execute(new RunDemo(2, 0));
            executorService.execute(new RunDemo(0, 1));
            executorService.execute(new RunDemo(2, 1));
            executorService.shutdown();
        } catch (Exception e) {
            e.printStackTrace();
        }
    }


    static class RunDemo implements Runnable {
        private Integer inputCount;
        private Integer outputCount;

        public RunDemo(Integer inputCount, Integer outputCount) {
            this.inputCount = inputCount;
            this.outputCount = outputCount;
        }

        @Override
        public void run() {
            try {
                String threadName = Thread.currentThread().getName();
                // 必須獲取到足夠的許可，執行緒才能開展工作
                semaphore.acquire(inputCount);
                System.out.println(threadName + "獲取" + inputCount + "個許
可開始工作……");
                Thread.sleep((long) (Math.random() * 10));
                // 必須透過semaphore.availablePermits()+outputCount計算該執
行緒釋放後的總閒置許可數目，因為釋放的瞬間可能會被其他執行緒acquire走
                System.out.println(threadName + "完成工作釋放" + \
outputCount + "個許可,當前共有" + (semaphore.availablePermits() +
```

```
outputCount) + "個可列出的許可。");
              // 工作結束後釋放一些許可
              semaphore.release(outputCount);
          } catch (Exception ex) {
              ex.printStackTrace();
          }
        }
      }
}
```

📁 **備註**

該範例的完整程式請參閱 PerformanceDemo 專案（網址 https://github.com/yeecode/PerformanceDemo）中的範例 9。

在上面程式中，各個執行緒都需要一定量的許可才能進行工作，而在工作結束後也會釋放一定量的許可。多個執行緒可以基於 Semaphore 類別中許可數目的變化進行協作。圖 4.21 列出了上述程式的運行結果。

圖 4.21　範例程式運行結果（編按：本圖為簡體中文介面）

上述操作已經十分複雜，但只用了一個標誌。我們可以使用多個標誌，實現一些更為複雜的協作。

4.3　多程式碼協同

同一處理程序內的執行緒進行切換時，也會存在一些負擔。舉例來說，在 Linux 中進行執行緒切換時，Linux 也需要進入核心態，然後對暫存器、程式計數器、執行緒堆疊等進行切換。那有沒有比執行緒切換負擔更低的平行或併發方式呢？

答案是肯定的。這種機制叫作多程式碼協同或多纖程。多程式碼協同是一種更為輕便高效的提升 CPU 使用率的機制。

多程式碼協同的工作方式就像是一段程式中存在兩個方法，當一個方法被阻塞時，我們可以執行另一個方法。而這兩個方法都在同一個執行緒中，它們之間的切換就像是敘述之間的跳躍，不需要額外的切換成本。

舉例來說，我們可以使用 Python 實現多程式碼協同操作，以下面的程式所示。在這段程式中，我們模擬了兩個工作協作推進的過程。leftForward 和 rightForward 這兩個函數會在總步數 stepsLimit 的限制下依次向前推進。一方阻塞則另一方執行。在推進的過程中，兩者的最大差值由 stepsDifference 定義。

```python
leftSteps=0 # 左側起始步數
rightSteps=0 # 右側起始步數
stepsLimit=10 # 總步數限制
stepsDifference=2 # 左右步數允許的最大差值

def leftForward():
    global leftSteps
     while True:
```

```
            print("left forward ... ...")
            while leftSteps < rightSteps + stepsDifference and leftSteps <
stepsLimit:
                leftSteps = leftSteps + 1
                print("left steps: ",leftSteps)
            yield

def rightForward(c):
    global rightSteps
    while rightSteps < stepsLimit or leftSteps < stepsLimit:
        print("right forward ... ...")
        while rightSteps < leftSteps + stepsDifference and rightSteps <
stepsLimit:
            rightSteps = rightSteps + 1
            print("right steps: ",rightSteps)
        c.send(None)
    c.close()

if __name__=='__main__':
    print("BEGIN")
    c = leftForward()
    rightForward(c)
    print("FINISHED")
```

📁 備註

該範例的完整程式請參閱 PerformanceDemo 專案（網址 https://github.com/yeecode/PerformanceDemo）中的範例 10。

leftForward 和 rightForward 這兩個函數中，每個函數都會在自身工作受到限制時把 CPU 交給對方。從而實現在不切換執行緒的情況下，由這兩個函數協作佔用 CPU。圖 4.22 展示了上述程式的運行結果。

```
C:\Windows\system32\cmd.exe
BEGIN
right forward ... ...
right steps:  1
right steps:  2
left forward ... ...
left steps:  1
left steps:  2
left steps:  3
left steps:  4
right forward ... ...
right steps:  3
right steps:  4
right steps:  5
right steps:  6
left forward ... ...
left steps:  5
left steps:  6
left steps:  7
left steps:  8
right forward ... ...
right steps:  7
right steps:  8
right steps:  9
right steps:  10
left forward ... ...
left steps:  9
left steps:  10
FINISHED
         半:
```

圖 4.22　程式運行結果

在上述程式中，方法 rightForward 呼叫了方法 leftForward，但是 leftForward 卻不是 rightForward 的子函數，因為子函數會在呼叫一次後返回。方法 rightForward 和方法 leftForward 雖然在書寫上有先後，在呼叫上有主次，但在即時執行卻像是兩個並列的函數，交替執行。這個過程如圖 4.23 所示。

因此，多程式碼協同的執行過程是併發的，在某些情況下和執行緒類似，但是有以下不同點。

- 多個程式碼協同一定是併發的而非平行的。因此，同一個執行緒內的程式碼協同只會在一個核心中交替執行。
- 因為多個程式碼協同不會平行，因此不會出現讀寫衝突，不需要各種鎖機制。

- 程式碼協同之間的切換類似方法之間的跳躍，比執行緒切換效率高很多。
- 處在不同程式碼協同中的任務對應的上下文環境完全一樣。

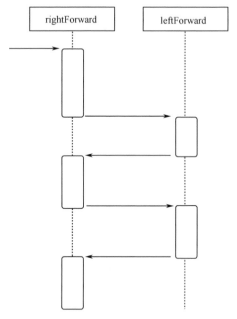

圖 4.23 多程式碼協同工作過程

多程式碼協同進一步減少了任務切換的性能損耗，能夠更為充分地利用 CPU 核心內時間切片。

相比於處理程序和執行緒，程式碼協同是一個新穎的特性，許多程式語言尚不支援，也正在陸續引入該特性。在本書寫作過程中，C++ 語言的開發者表示將在最新的程式語言標準 C++ 20 中支援程式碼協同。

4.4 運算併發複習

至此,我們已經對實現運算併發的三種主要方法進行了介紹。它們三者是圖 4.24 所示的巢狀結構關係。

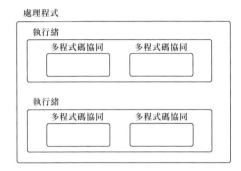

圖 4.24 多處理程序、多執行緒、多程式碼協同的關係

這三種方式都能夠提升運算併發,進而提升系統的運行效率。我們可以透過下面的方法進行選擇。

- 對需要利用多核心性能又想實現資源完全隔離的情況,則選擇多處理程序。
- 對需要利用多核心性能但不需要實現資源完全隔離的情況,則選擇多執行緒。
- 對希望提升核心內 CPU 使用率的情況,則選擇多程式碼協同。

Chapter
05

輸入輸出設計

在電腦系統中，相較於 CPU 的高速運算，輸入輸出操作的速率是比較低的。而在軟體系統中也是如此，在系統處理較多的讀寫類別任務時，輸入輸出操作可能成為系統性能的瓶頸。

然而，受到物理因素的限制，讀寫操作的速率提升有限。因此，在軟體架構中，主要對輸入輸出操作進行協調，以降低輸入輸出操作對其他操作的影響。這種協調就表現在不同的輸入輸出模型的選擇上。

在這一節，我們將詳細介紹各種輸入輸出模型的工作特性，並為軟體架構中的輸入輸出模型選擇提供指導。

5.1 概念梳理

在對輸入輸出模型進行探討時，多從同步與非同步、阻塞與非阻塞兩個維度對輸入輸出模型進行分類。在了解不同的輸入輸出模型之前，我們先介紹下同步與非同步、阻塞與非阻塞這兩個概念。

5.1.1 同步與非同步

同步與非同步指的是呼叫方和被呼叫方之間的訊息通訊機制。如果呼叫方呼叫某個操作，直到操作結束時呼叫方才能獲得一個包含結果的回答，那麼這個操作就是同步的。如果呼叫方呼叫某個操作，被呼叫方立刻列出一個不包含結果的回應，然後等被呼叫方得到結果時再主動通知呼叫方，那麼這個操作就是非同步的。

舉例來說，我們到餐館就餐時詢問侍者是否可以就餐。如果侍者聽到後不理我們，直到出現空位時才回答道「您現在可以就餐了」，這個等位服務就是同步的。如果侍者聽到後立刻回應我們說「等下有位置時通知您」，然後等出現位置時主動通知我們，這個等位服務就是非同步的。

同步的服務是透過「詢問—回答」的形式完成的，詢問和回答這兩者間的時間跨度可能很長，因為被呼叫方需要在這段時間內完成具體的操作，如圖 5.1（左）所示。

非同步的服務則是透過「詢問—回應—通知」的形式完成的，詢問和回應這兩者之間的時間跨度很短，因為被呼叫方回應某個操作只代表它接收到了操作的請求而不代表完成了操作。而且，在通訊可靠的情況下，回應還可以省略。詢問和通知這兩者之間的時間跨度可能很長，因為被呼叫方需要在這段時間內完成具體的操作，如圖 5.1（右）所示。

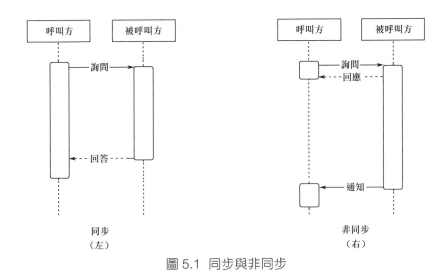

圖 5.1　同步與非同步

5.1.2　阻塞與非阻塞

阻塞與非阻塞的區別在於呼叫方在呼叫操作之後、得到回應或回答之前所處的狀態。如果呼叫方呼叫操作後、得到回應或回答之前被暫停，那麼呼叫方呼叫的這個操作就是阻塞的。如果呼叫方呼叫操作後、得到回應或回答之前是活躍的，那麼呼叫方呼叫的這個操作就是非阻塞的。

舉例來說，我們向侍者詢問是否可以立刻就餐之後，立刻陷入昏睡狀態，直到侍者回應或回答後才能再度清醒過來，那麼這個等位操作就是阻塞的。如果我們詢問之後，在侍者回應或回答之前，我們可以四處走動、打電話及做一些其他事情，那麼這個等位操作就是非阻塞的。

同步與非同步、阻塞與非阻塞這兩種定義的劃分維度不同。同步與非同步關注的是訊息通訊機制，而阻塞與非阻塞關注的是呼叫方的狀態。

如果一個操作是同步阻塞的，那麼呼叫方呼叫這個服務後會被暫停，被呼叫方直到操作完成後才會將結果回答給呼叫方。直到收到被呼叫方回答的結果後，呼叫方才會被啟動。整個過程如圖 5.2（左）所示。

如果一個操作是同步非阻塞的，那麼呼叫方呼叫這個服務後不會被暫停，而是可以轉而進行其他的操作。舉例來說，呼叫方進行一段時間的其他操作之後，透過繼續呼叫的方式獲取結果，如圖 5.2（右）所示。

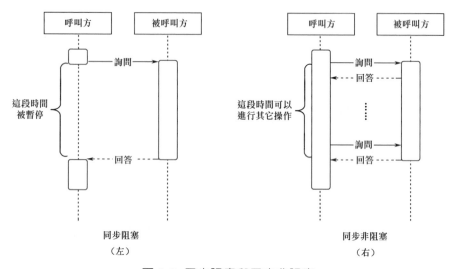

圖 5.2 同步阻塞與同步非阻塞

對於非同步作業而言，討論阻塞和非阻塞則沒有太大意義。因為非同步作業的請求會被立刻回應，只是這個回應只代表請求被接收而不包含操作的結果。無論是阻塞還是非阻塞，呼叫方拿到回應之後便可以進行其他工作，直到收到結果回呼時再處理操作結果即可。所以，當我們提及「阻塞式 IO」時便是指「同步阻塞式 IO」，當我們提及「非阻塞式 IO」時就是指「同步非阻塞式 IO」。

5.2 IO 模型

一般來說我們會使用「同步阻塞」、「同步非阻塞」、「非同步」等片語來描述一個 IO 介面的工作特性。舉例來說,「同步非阻塞式 IO」。但確切來說,這些描述並不完全恰當,容易引起一些問題,這要從 IO 模型說起。

在最原始的 IO 程式設計中,我們需要直接操作輸入輸出介面,又叫作針對介面程式設計。在發送資料時,程式需要控制介面將資料發出,在接收資料時,程式需要時刻監聽介面的結果。整個過程如圖 5.3 所示。

圖 5.3 直接操作介面的 IO 模型

但是圖 5.3 所示的結構過於基礎,現在只存在於一些初級的硬體系統中。舉例來說,一些不帶有嵌入式系統的微處理器 [4]。

在我們平時接觸的軟硬體系統中,不再是針對介面程式設計,而是針對快取程式設計。當我們發送資料時,只需要把資料寫入到輸出快取中即可,底層軟硬體會幫助我們將快取中的資料透過介面發送出去;當我們接收資料時,只需要從輸入快取讀取資料即可,而不需要直接操作介面資料傳輸到快取的這一過程。

於是,IO 操作演變為圖 5.4 所示的模型。

圖 5.4 操作快取的 IO 模型

在存在快取的 IO 模型中，資料讀寫操作被劃分為兩個階段。對於資料接收而言，這兩個階段是資料從介面到 IO 快取、資料從 IO 快取到程式記憶體。對於資料發送而言，這兩個階段是資料從程式記憶體到 IO 快取、資料從 IO 快取到介面。

接下來我們將在圖 5.4 所示的 IO 模型的基礎上，以資料接收為例討論不同的 IO 類型。對於資料發送而言，只是兩個階段的順序和資料流程向不同。

為了便於表述，我們將資料從介面到 IO 快取的階段稱為接收階段，將資料從 IO 快取到程式記憶體的階段稱為複製階段。

雖然被劃分為兩個階段，但這兩個階段會被連續觸發，即複製階段並不需要單獨觸發，而是緊接在接收階段後面執行即可。舉例來説，在 UNIX 系統中，recvfrom 函數會先觸發接收階段，接收階段結束後會自動進入複製階段，如圖 5.5 所示。

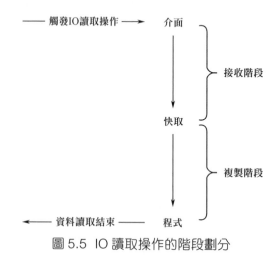

圖 5.5 IO 讀取操作的階段劃分

這在使用者看來，是一個 recvfrom 函數完成了接收和複製的兩個階段[5]。而事實上，接收階段和複製階段對應的同步非同步情況、阻塞非阻塞情況都是不同的。這也正是無法使用是否阻塞、是否同步這兩個維度準確劃分 IO 操作的原因。

上述兩個階段中，接收階段取決於外部輸入情況，這個過程往往是相對較長的，因此可能需要呼叫方等待。在這個等待的過程中，根據 IO 模型的不同可能阻塞呼叫方，也能不阻塞呼叫方，這是區分 IO 模型的十分重要的一點。複製階段不取決於外部輸入情況，是一個相對快速的內部操作，這個過程是否阻塞跟模型的具體實現和設定相關，不是區分 IO 模型的關鍵。

5.3 IO 模型的層級關係

我們可能在作業系統、程式語言、應用程式中都聽說過 BIO、NIO 等特性，這實際是 IO 模型在不同層級的表現。

作業系統、程式語言、應用程式，三者的層級由下到上，如圖 5.6 所示，下層是上層的基礎。當下層實現了某種 IO 模型時，上層則可以直接呼叫下層模型，或改進後獲得某種模型。

圖 5.6 IO 模型的層級關係

以阻塞式 IO 模型為例，UNIX 實現了阻塞式 IO 模型，則 Java 可以直接呼叫 UNIX 的阻塞式 IO 功能。Tomcat（基於 Java 開發）則可以在 Java 提供的工具套件基礎上以阻塞式 IO 的形式接收外部 HTTP 請求。它們都是阻塞式 IO 模型在不同層級的實現。

接下來我們介紹常見的 IO 模型，以及它們在不同層級的實現和使用。

5.4 阻塞式 IO 模型

阻塞式 IO（Blocking IO，BIO）是最為常見的 IO 模型，它是同步的、阻塞的。

呼叫方呼叫 IO 操作後，呼叫方執行緒會被暫停。直到資料接收階段、複製階段全部完成後，呼叫方執行緒才會被喚醒。整個過程如圖 5.7 所示。

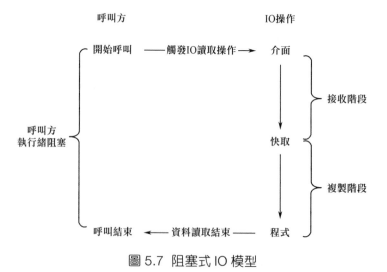

圖 5.7 阻塞式 IO 模型

在作業系統層級，預設的 IO 操作通常都是阻塞式 IO。舉例來説，
UNIX 的所有通訊端在預設情況下是阻塞的 [5]。

在程式語言層級，預設的 IO 操作也多是阻塞式 IO。在 Java 語言中，
這些操作函數位於 java.io 套件中。舉例來説，FileInputStream 中的
read 方法，透過它的註釋我們可以看出，在沒有接收完輸入資料時，
該方法會使呼叫方的執行緒阻塞。

```
/**
 * Reads a byte of data from this input stream. This method blocks
 * if no input is yet available.
 *
 * @return     the next byte of data, or <code>-1</code> if the end of the
file is reached.
 * @exception  IOException  if an I/O error occurs.
 */
public int read() throws IOException {
    return read0();
}
```

基於阻塞的 IO 操作函數，我們可以實現阻塞的 IO 操作。舉例來説，
下面的程式使用阻塞式 IO 模型實現 port 通訊埠的資料接收。

```
try (ServerSocket serverSocket = new ServerSocket(port)) {
    Socket socket = serverSocket.accept();
      BufferedReader bufferedReader = new BufferedReader(new
InputStreamReader(socket.getInputStream()));
    bufferedReader.lines().forEach(System.out::println);
} catch (IOException e) {
    e.printStackTrace();
}
```

> **📂 備註**
>
> 該範例的完整程式請參閱 PerformanceDemo 專案（網址 https://github.com/yeecode/PerformanceDemo）中的範例 11。

在應用程式層級，也常常將阻塞式 IO 模型作為預設的 IO 模型。舉例來說，Tomcat 預設的 IO 類型就是阻塞式 IO，其設定如下所示。

```
<Connector
port="8080"
protocol="HTTP/1.1"
connectionTimeout="20000"
redirectPort="8443" />
```

基於阻塞式 IO 模型進行 IO 操作時，相關的程式設計開發工作非常簡單。我們可以在程式中呼叫讀寫敘述，當敘述返回時也便表示讀寫操作完成了。

阻塞式 IO 會帶來很高的性能損耗。試想一個同時連接 100 個使用者的聊天系統，則必須要設立 100 個執行緒來和這 100 個 IO 對接。維護這 100 個執行緒將佔據巨大的記憶體，而執行緒間的切換也會浪費許多的 CPU 時間切片。所以，阻塞式 IO 只適合應用在輸入輸出操作較少的場景下。

5.5 非阻塞式 IO 模型

非阻塞式 IO（Non-blocking IO，NIO）模型在接收階段是非阻塞的。呼叫方發起 IO 操作時，無論接收階段是否完成，IO 操作會立刻列出一個回應，而非將呼叫方暫停。這樣，呼叫方就可以透過不斷地輪詢來判斷接收過程是否完成，並且可以在輪詢的間隙展開其他操作。

如果接收階段完成，則會進入複製階段。因此，非阻塞式 IO 模型如圖 5.8 所示。

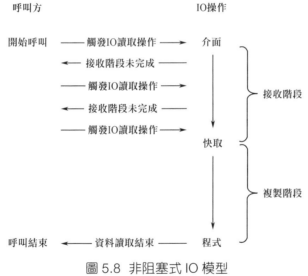

圖 5.8 非阻塞式 IO 模型

在 UNIX 系統中，可以透過將通訊端設定成為非阻塞的方式，將阻塞式 IO 模型修改為非阻塞式 IO 模型。這樣，當呼叫方呼叫 IO 操作，而接收階段未完成時，IO 操作將返回一個 EWOULDBLOCK 錯誤，而非將呼叫方執行緒暫停。呼叫方只要接收到該錯誤，則知道接收階段尚未完成，可隨後再次輪詢觸發。

非阻塞式 IO 使得呼叫方可以在 IO 操作時進行一些其他的工作，避免了頻繁地切換執行緒。但事實上，呼叫方需要不斷輪詢，因而很難開展其他工作，而且輪詢會帶來性能的浪費，因此非阻塞式 IO 模型並不常用，而是常作為後面幾種模型的基礎。

5.6 訊號驅動式 IO 模型

在非阻塞式 IO 模型中，我們需要對接收階段不斷輪詢，比較消耗性能。訊號驅動式 IO 模型是指監聽接收階段進度的過程是非同步的。當監聽函數監聽的 IO 操作中有一個或多個的接收階段完成時，監聽函數將通知呼叫方，如圖 5.9 所示。

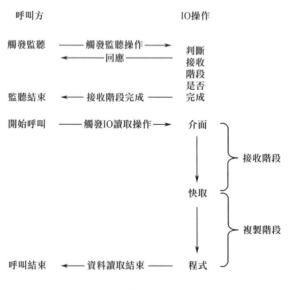

圖 5.9 訊號驅動式 IO 模型

訊號驅動式 IO 模型和非阻塞式 IO 模型十分類似。非阻塞式 IO 模型是同步非阻塞的，需要呼叫方輪詢，而訊號驅動模型是非同步的，需要呼叫方設定回呼函數。

訊號驅動式 IO 模型也不常用，常作為後面幾種模型的基礎。

5.7 重複使用式 IO 模型

在非阻塞式 IO 模型中，我們需要花費大量時間來輪詢接收階段是否完成。直到接收階段完成後，複製階段才會展開。那麼我們能不能在非阻塞式 IO 操作前再加一個監聽操作（在系統、語言、應用等各個層級，通常對應了 select 函數）。該操作可以是阻塞的，它返回時表示對應的 IO 操作的接收階段完成了。在監聽操作成功返回後，呼叫方可以直接呼叫 IO 操作，而不需要再輪詢接收階段的狀態，整個過程如圖 5.10 所示。

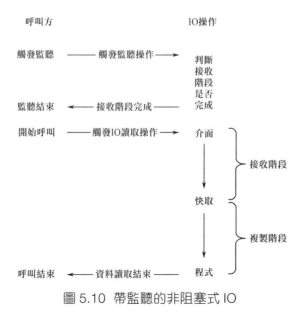

圖 5.10 帶監聽的非阻塞式 IO

顯然，上述監聽操作的引入毫無意義。它將非阻塞的 IO 再次變成了阻塞式 IO。與最基本的阻塞式 IO 不同，僅在於它將阻塞階段從接收階段前移到了監聽階段。

但是，如果監聽操作每次可以監聽多個而非一個 IO 操作時，上述改進則變得很有意義。呼叫方可以將多個 IO 操作委託給一個監聽函數，然後呼叫方執行緒被阻塞。當多個 IO 操作中有一個或多個接收階段完成時，呼叫方執行緒便被喚醒。這時，呼叫方可以直接操作接收階段已完成的 IO，這就是重複使用式 IO 模型。

在實現上，重複使用式 IO 模型可以在非阻塞式 IO 模型的基礎上實現，即監聽函數不斷輪詢 IO 操作的接收階段狀態；也可以基於訊號驅動式 IO 模型實現，即讓 IO 操作的接收階段完成後通知監聽函數。但無論採用哪種具體實現，IO 操作的呼叫方只需要呼叫監聽函數和等待監聽函數的返回結果。

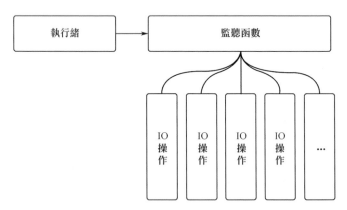

圖 5.11 監聽函數與 IO 操作的關係

重複使用式 IO 模型是同步阻塞的。但是呼叫方阻塞在了多個 IO 操作上，而非一個 IO 操作上。這樣，一個呼叫方執行緒便可以監聽和處理多個 IO 操作，如圖 5.11 所示，而不像第 5.4 節所述的阻塞式 IO 模型那樣，每個執行緒只能處理一個 IO 操作。

在 UNIX 中，呼叫方可以將多個 IO 操作委託給 select 函數。該函數是阻塞的，它會幫我們監聽各個 IO 操作的接收階段是否完成，並在有 IO 操作的接收階段完成時喚醒呼叫方處理。

Java1.4 版本引入了重複使用式 IO 模型，相關實現類別放在 java.nio 套件中。這裡有兩點需要說明。首先，在許多層級中，我們常說的非阻塞式 IO（NIO）實際上是指重複使用式 IO 模型，而第 5.5 節中所述的非阻塞式 IO 模型因為輪詢的存在，應用價值不大，很少被單獨使用。其次，Java 的 java.nio 套件的 nio 有 New IO 之意，而非單指 Non-blocking IO，所以我們會看到下面介紹的 AIO 的相關實現類別也存放在 java.nio 套件中。

基於 java.nio 中的相關類別，我們可以使用重複使用式 IO 模型實現 port 通訊埠的資料接收，以下面程式所示。

```java
try (Selector selector = Selector.open();
    ServerSocketChannel serverSocketChannel = ServerSocketChannel.open()) {
    // 設定為非阻塞模式
    serverSocketChannel.configureBlocking(false);
    ServerSocket serverSocket = serverSocketChannel.socket();
    InetSocketAddress inetSocketAddress = new InetSocketAddress(port);
    serverSocket.bind(inetSocketAddress);
    // 註冊監聽
    serverSocketChannel.register(selector, SelectionKey.OP_ACCEPT);
    while (true) {
        selector.select();
        Set<SelectionKey> selectionKeys = selector.selectedKeys();
        Iterator<SelectionKey> iterator = selectionKeys.iterator();
```

```
        while (iterator.hasNext()) {
            SelectionKey key = iterator.next();
            if (key.isAcceptable()) {
                ServerSocketChannel scc = (ServerSocketChannel) key.channel();
                SocketChannel socketChannel = scc.accept();
                socketChannel.configureBlocking(false);
                socketChannel.register(selector, SelectionKey.OP_READ);
            } else if (key.isReadable()) {
                // 讀取通訊埠資料
                SocketChannel socketChannel = (SocketChannel) key.channel();
                while (true) {
                    ByteBuffer byteBuffer = ByteBuffer.allocate(1024);
                    if (socketChannel.read(byteBuffer) <= 0) {
                        break;
                    }
                    byteBuffer.flip();
                    Charset charset = StandardCharsets.UTF_8;
                    System.out.print(charset.newDecoder().decode(byteBuffer).
toString());
                }
            }
            iterator.remove();
        }
    }
} catch (IOException e) {
    e.printStackTrace();
}
}
```

📂 備註

該範例的完整程式請參閱 PerformanceDemo 專案（網址 https://github.
com/yeecode/PerformanceDemo）中的範例 11。

Tomcat 基於 Java 的 java.nio 套件，也實現了重複使用式 IO 模型。透過下面的設定，我們可以在 Tomcat 中使用重複使用式 IO 模型。

```
<Connector
port="8080"
protocol="org.apache.coyote.http11.Http11NioProtocol"
connectionTimeout="20000"
redirectPort="8443" />
```

再一次説明，Java 和 Tomcat 中所講的 NIO 其實都是重複使用式 IO 模型而非第 5.5 節所述的非阻塞式 IO 模型。

相比於阻塞式 IO 模型，重複使用式 IO 模型可以使用一個執行緒多路 IO 操作，極大地節省了執行緒資源。在專案架構設計中，我們可以考慮使用重複使用式 IO 模型代替阻塞式 IO 模型，這在系統性能上會帶來明顯提升。

5.8 非同步式 IO 模型

訊號驅動式 IO 模型和重複使用式 IO 模型引入了一個監聽操作來幫我們完成接收階段進度的判斷，當某個 IO 操作的資料接收階段完成後，監聽函數會通知或喚醒呼叫方。而呼叫方接到通知或喚醒後要做的工作便是觸發 IO 操作，整個過程如圖 5.8 或圖 5.9 所示。

既然呼叫方在被喚醒或觸發後，必然要觸發 IO 操作，那麼監聽函數直接觸發 IO 操作即可，沒有必要非得交給呼叫方來完成。

於是，整個操作變得更為簡單。要進行 IO 操作時，呼叫方觸發監聽函數。監聽函數監聽接收階段的狀態，並在接收階段完成後觸發 IO 操作，直到 IO 操作全部結束後再通知呼叫方。這樣的過程就是非同步式 IO 模型（Asynchronous IO，AIO）的操作過程，如圖 5.12 所示。

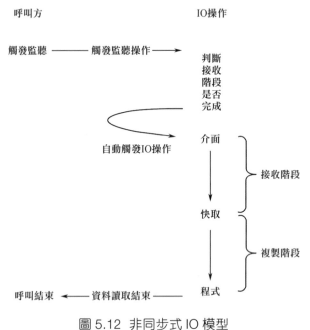

圖 5.12 非同步式 IO 模型

在 UNIX 中，aio_read 等函數可以執行非同步式 IO 操作。[5]

Java1.7 版本支持了 AIO，相關實現類別也處在 java.nio 套件中。基於這些類別，我們可以使用非同步式 IO 模型實現 port 通訊埠的資料接收，以下面程式所示。

```
try {
    AsynchronousServerSocketChannel serverSocketChannel =
AsynchronousServerSocketChannel.open();
    serverSocketChannel.bind(new InetSocketAddress(port));
```

```
    CompletionHandler<AsynchronousSocketChannel, Object> handler = new
CompletionHandler< AsynchronousSocketChannel, Object>() {
        @Override
        public void completed(final AsynchronousSocketChannel result,
final Object attachment) {
            serverSocketChannel.accept(attachment, this);
            try {
                while (true) {
                    ByteBuffer byteBuffer = ByteBuffer.allocate(1024);
                    if (result.read(byteBuffer).get() < 0) {
                      break;
                    }
                    byteBuffer.flip();
                    Charset charset = StandardCharsets.UTF_8;
                    System.out.print(charset.newDecoder().
decode(byteBuffer).toString());
                }
            } catch (Exception e) {
              e.printStackTrace();
            }
        }

        @Override
        public void failed(final Throwable exc, final Object attachment) {
            System.out.println("ERROR" + exc.getMessage());
        }
    };
    serverSocketChannel.accept(null, handler);
} catch (Exception ex) {
  ex.printStackTrace();
}
```

> 📁 **備註**
>
> 該範例的完整程式請參閱 PerformanceDemo 專案（網址 https://github.com/yeecode/PerformanceDemo）中的範例 11。

可以看出上述程式中的 CompletionHandler 中包含回呼函數，當 IO 操作完成或失敗時，會透過呼叫對應回呼函數的方式觸發呼叫方展開處理。

在 Tomcat 中，我們可以使用下面的設定啟用非同步式 IO 工作模式。

```
<Connector
port="8080"
protocol="org.apache.coyote.http11.Http11AprProtocol"
connectionTimeout="20000"
redirectPort="8443" />
```

Tomcat 在使用 AIO 工作模式之前，需要安裝 ARP（Apache Portable Run-time libraries，Apache 可移植運行函數庫）。ARP 是 Apache HTTP 伺服器的支援函數庫，其中包含了一些針對不同平台的處理函數。Tomcat 需要基於其中的函數來完成 AIO 操作。

5.9 輸入輸出模型複習

在本章節中，我們一共介紹了 5 種 IO 模型，它們的概要和異同如圖 5.13 所示。

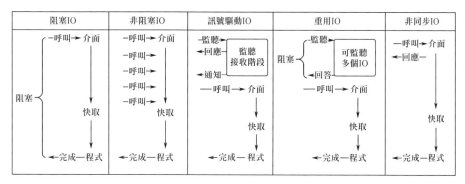

圖 5.13 IO 模型的概要和異同

在以上各種 IO 模型中，最常用的模型是阻塞式 IO 模型、重複使用式 IO 模型、非同步式 IO 模型，三者分別對應了我們常說的 BIO、NIO 和 AIO。

在以上三種 IO 模型中，阻塞式 IO 是最傳統也是性能最差的 IO 模型，每個操作都會佔用一個執行緒。但是它的程式設計實現比較簡單，適合用在讀寫操作較少的場合。

重複使用式 IO 模型在性能的提升上十分明顯，可以極大地減少 IO 操作對執行緒的佔用，提升 IO 操作的併發能力。在讀寫操作頻繁的場景下，應該使用這種 IO 模型代替阻塞式 IO 模型。

非同步式 IO 模型比重複使用式 IO 模型的性能更高。如果程式語言支援這種模型，則可以將非同步式 IO 模型應用到高讀寫應用的架構設計中，以提升應用的 IO 性能。

資料庫設計與最佳化

資料庫作為系統的資料儲存中心，在系統中具有十分重要的作用。資料庫設計的好壞，對系統的可靠性、安全性、效率具有非常重要的影響。

通常我們所說的資料庫是指傳統的關聯式資料庫，而為了提升資料庫在各個維度的表現也誕生了很多非傳統資料庫。這些非傳統資料庫往往在某一個或某幾個方面具有傳統資料庫難以比擬的特性，因此也獲得了廣泛的應用。

在這一章中，我們將介紹資料庫的設計和最佳化。其中，傳統關聯式資料庫的設計與最佳化問題最為重要，也只有對傳統關聯式資料庫的長處和不足有了清晰認識，才能取長補短地進行非傳統資料庫的選擇。因此，本章主要介紹傳統資料庫，並在章節最後介紹常用的非傳統資料庫供大家選型。

6.1　資料庫設計概述

資料庫對一個系統的性能具有非常重要的影響，主要有以下幾個原因。

首先，相對於數值計算、記憶體讀寫，資料庫操作因為涉及 IO 操作而耗時較久。因此，資料庫讀寫回應時間往往在系統的總回應時間中佔比較高。根據阿姆達爾定律，最佳化資料庫讀寫回應時間，會對縮短系統總回應時間產生重要作用。直觀來看，減少或最佳化一個資料庫讀寫操作，可能會給系統的總回應時間帶來毫秒甚至秒級的降低。

其次，為了實現資料同步等操作，資料庫常常被設計為系統的單點，這使得資料庫需要承受大量的讀寫併發，成為整個系統中併發數最高的模組。而只要能提升資料庫這一瓶頸的性能，則系統的整體性能會得到明顯改善。舉例來說，在第 3.2.3 節中，多個節點為了能夠實現資訊共用，會連線到同一個資料庫上。如果該資料庫的性能得到提升，則各個節點的性能均會提升。

再次，系統中的大多數模組的運行壓力，不會隨著執行時間的延長而增加。但是資料庫不同，隨著執行時間的延長，資料庫中儲存的資料量可能會不斷增加，這會導致其檢索效率、讀寫效率下降，最終出現性能問題。

因此，設計一套完善、高效、具有前瞻性資料庫子系統，對於提升整個系統性能非常重要。

資料庫設計主要包含以下四個方面的內容。

- 資料庫選型:根據專案需求不同,從擴充性、經濟性、便利性等各個角度出發選擇合適的資料庫。如果需要資料庫在某些方面具有特殊的表現,可以選擇對應的非傳統資料庫。
- 儲存引擎選型:同一資料庫往往會有多種實現引擎,不同引擎對交易、索引、容量等特性的支援不盡相同,我們在選擇完成資料庫之後,需要根據需求選定對應的儲存引擎。
- 資料表結構設計:根據專案要求,完成資料庫中表、欄位、索引等的設計。
- 資料庫的最佳化:運行專案後,分析資料庫的運行情況,有針對性地對某些結構、敘述進行設計和最佳化。

以上四個方面中,資料表結構設計和最佳化環節最為重要也最為複雜。良好的資料表結構設計能夠減少資料庫讀寫的次數,出色的資料表最佳化能夠縮短資料庫讀寫操作的時間。

在這一節中,我們將詳細介紹資料表結構設計和最佳化的過程。

6.2 關聯式資料庫設計

在軟體開發過程中,通常使用的是物件導向的程式設計,物件導向是從軟體工程原則(如聚合、封裝)的基礎上發展而來的。傳統資料庫是指關聯式資料庫,它是從數學理論(集合代數等)的基礎上發展而來的。因此,物件導向和關聯式資料庫來自不同的理論,兩者不完全匹配,它們之間存在一個轉化過程,被稱為物件—關係映射[6]。圖 6.1展示了物件—關係映射。

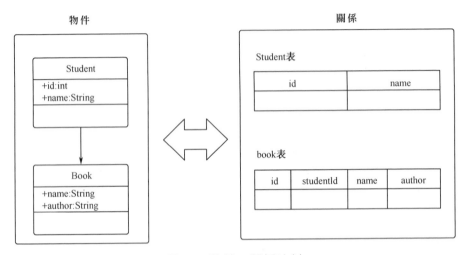

圖 6.1 物件─關係映射

因為物件─關係映射的存在,也形成了不同的軟體設計習慣。

- 先設計關係再推導物件:先根據需求設計關聯式資料庫的結構,然後根據關聯式資料庫確定物件和物件之間的關係。
- 先設計物件再推導關係:先根據需求設計物件和物件之間的關係,然後將他們轉化為關聯式資料庫的結構。

以上兩種方式從不同的角度切入設計,不分優劣,大家可以根據習慣自行選擇。

因為以上兩種軟體設計習慣的存在,在我們進行關聯式資料庫設計時,已有的輸入資訊可能是需求(對應於先設計關係再推導物件的設計習慣),也可能是物件(對應於先設計物件再推導關係的設計習慣),這兩種方式都是可以的。

在關聯式資料庫的設計過程中,不同人會有不同的想法。因此,同一個需求、同一組物件,不同的設計人員可能設計出完全不同的關聯式資料庫結構。然而，軟體系統對關聯式資料庫的要求很高，稍有設計不當便可能會引發以下問題。

- 資料容錯：同一份資料可能會在資料庫中存在多份，這會導致增加、修改、刪除等操作十分煩瑣。
- 資料不一致：當資料存在容錯時，一部分資料更新而另一部分沒有更新，則會引發資料不一致的問題。
- 插入異常：可能因為某些資料的缺失導致其他資料無法插入。
- 刪除異常：在刪除某些資料時，可能會導致其他資訊一併遺失。

為了避免發生以上問題，需要對關聯式資料庫的設計過程進行規範化，或說標準化。資料庫範式就是為資料庫規範化確立的一套標準，它用來衡量資料庫設計的規範化程度。

資料庫範式這一套標準分為很多等級，而所設計的資料庫滿足的範式等級越高，則資料庫越標準。只要我們達到了某個標準，就能夠避免上述的某些問題。這就像工業領域的標準分級一樣。舉例來說，如果裝置達到 IP45 就能防止 1mm 以上的粒度進入並能防噴水，如果裝置達到 IP68 就能防止粉塵進入並能防浸泡。

然而，許多架構師在進行資料庫設計時，對資料庫範式不夠重視，或以反範式為理由進行逃避。這是錯誤的。因為反範式只是在範式的基礎上進行修正，以減少嚴格遵守範式帶來的負面影響，而非逃避範式的理由。在第 6.2.2 節我們會專門介紹反範式，以便於大家能夠在適當的時候使用反範式的設計。

6.2.1 設計範式介紹

常用的資料庫設計範式一共有六個,這六個範式逐級遞增愈發嚴格。每一個範式都是前一個範式的升級,都是後一個範式的基礎。

接下來我們對這些範式依次介紹。在此之前,我們先介紹關聯式資料庫中的幾個基本概念。

- 屬性:又稱欄位,指資料庫中表的列。
- 記錄:指資料庫中表的行。
- 超鍵:又稱超碼,在關係中能唯一標識記錄的屬性集,即為關係模式的超鍵。
- 候選鍵:又稱候選碼,不含有多餘屬性的超鍵稱為候選鍵。
- 主鍵:又稱主碼,資料表設計者可以從候選鍵中任選一個用來標示每個記錄,所選中的候選鍵為主鍵。
- 主屬性:如果一個屬性屬於某一個候選碼,則該屬性為主屬性。

關聯式資料庫來自數學理論中的集合代數等學科,為了能夠清晰地表述各個範式的含義,我們也對涉及的數學概念進行簡介。

- 依賴:是資料間的相互限制關係,是一種語義表現,主要分為函數依賴、多值依賴和連接依賴。
- 函數依賴:設 X, Y 是關係 R 的兩個屬性集合,當任何時刻 R 中的任意兩個元組中的 X 屬性值相同時,則它們的 Y 屬性值也相同,則稱 X 函數決定 Y,或 Y 函數依賴於 X,記作 $X \rightarrow Y$。
- 部分函數依賴:設 X, Y 是關係 R 的兩個屬性集合,存在 $X \rightarrow Y$,若 X' 是 X 的真子集,存在 $X' \rightarrow Y$,則稱 Y 部分函數依賴於 X。

- 完全函數依賴：設 X, Y 是關係 R 的兩個屬性集合，X' 是 X 的真子集，存在 $X \rightarrow Y$，但對每一個 X' 都有 $X'! \rightarrow Y$，則稱 Y 完全函數依賴於 X。

- 平凡函數依賴：當關係中屬性集合 Y 是屬性集合 X 的子集時，存在函數依賴 $X \rightarrow Y$，即一組屬性函數決定它的所有子集，這種函數依賴稱為平凡函數依賴。

- 非平凡函數依賴：當關係中屬性集合 Y 不是屬性集合 X 的子集時，存在函數依賴 $X \rightarrow Y$，則稱這種函數依賴為非平凡函數依賴。

- 傳遞函數依賴：設 X, Y, Z 是關係 R 中互不相同的屬性集合，存在 $X \rightarrow Y(Y! \rightarrow X)$，$Y \rightarrow Z$，則稱 Z 傳遞函數依賴於 X。

- 多值依賴：假設關聯式資料庫中有三個獨立屬性 X、Y、Z，如果選中某個值 x，則總會對應著值 y，而不論 z 的任何設定值，那麼就說存在多值依賴。

如果感覺上述數學概念有些不好了解也沒有關係，我們還準備了一個範例表。接下來在講解每個範式時，都會使用範例表作為例子介紹，便於大家從關聯式資料庫角度進行直觀的了解。

範例表是一個用於儲存學生資訊的表，其相關屬性如下所示。

【版本 1】
Table 1: 學號 | 姓名 | 班級編號 | 學生在班級內的序號 | 性別 | 班級人數 | 年齡 | 是否成年 | 緊急聯絡手機號

以【版本 1】為例，我們再次說明一下其中的資料庫概念：

- 屬性：學號、姓名等都是屬性。
- 記錄：表中儲存的 "008008 | 易哥 | 17 | 3 | 男 | 45 | 18 | 是 | 18888888888" 就是一筆記錄。
- 超鍵：「學號」這一屬性是超鍵；「班級編號」和「學生在班級內的序號」這一屬性集是超鍵；「學號」和「年齡」這一屬性集也是超鍵；任意一個屬性和已知超鍵組成的屬性集也是超鍵。
- 候選鍵：「學號」這一屬性是候選鍵；「班級編號」和「學生在班級內序號」這一屬性集是候選鍵。
- 主鍵：我們可以從候選鍵中任選一個作為主鍵，如我們選定「學號」為主鍵。
- 主屬性：「學號」、「班級編號」、「學生在班級內序號」。

在接下來介紹資料庫範式的過程中，我們假設【版本 1】中存在以下的合理假設：

- 學生可能會有名稱重複。
- 學生在班級內的序號由姓名字首排序得來。
- 一個同學可能有多個緊急聯絡手機號，一個緊急聯絡手機號也可能連結多個同學。

看到上面的內容後，有經驗的讀者能很快察覺【版本 1】所述資料表的設計有問題。但是至於存在哪些問題和如何改正則需要憑經驗進行，且很難確保改正後的資料表設計是完全正確的。資料庫設計範式則為我們提供了修正問題的步驟，只要一步步參照範式，我們最終便可以準確地修正【版本 1】中存在的問題。接下來，我們講解範式的概念並修改【版本 1】。

1. 第一範式

第一範式（1NF）要求每個屬性的值都只能是原子的，不能再拆。

我們使用第一範式驗證下【版本 1】。

假設我們在使用時，姓名總是以一個整體出現，那麼「姓名」屬性是原子的，範例表也是符合第一範式的；假設在使用中，會出現「李同學」、「歐陽同學」等這種使用場景，則説明「姓名」屬性不是原子的，範例表便不符合第一範式，需要將「姓名」屬性拆分為「學生姓」、「學生名」兩個屬性。由此可見，屬性原子性的判斷不是絕對的，和資料庫的使用場景相關。

假設會出現「李同學」、「歐陽同學」等這種使用場景，將資料表修改成以下形式以滿足第一範式。

【版本 2】
Table 1: 學號 | 學生姓 | 學生名 | 班級編號 | 學生在班級內的序號 | 性別 | 班主任 | 年齡 | 是否成年 | 緊急聯絡手機號

如果資料表不滿足第一範式，可能會導致資料表不可用。這是因為使用時必須要把非原子化的屬性拆分成原子後再使用，而這種拆分可能是複雜的，甚至是無法實現的。因此，我們在設計資料庫時，要遵循第一範式，並且有前瞻性地拆分屬性。

2. 第二範式

第二範式（2NF）要求非主屬性必須完全依賴於候選鍵。

在【版本 2】的 Table 1 中，「班主任」這一屬性並沒有完全依賴「班級編號」和「學生在班級內序號」這一候選鍵，而是僅部分依賴了候選鍵中的「班級編號」屬性。因此，【版本 2】的 Table 1 不滿足第二範式。

資料表不滿足第二範式會導致資料容錯、資料不一致等問題。舉例來說，「班主任」這一資料在班級每個同學的記錄裡都儲存了一份，這是容錯的。而如果班級的班主任發生變化，則要修改全班每個同學的資訊，遺漏任何一筆記錄都可能會導致資料不一致（同一個班的兩個同學卻有不同的班主任）。

為了使其滿足第二範式，我們需要對該表進行拆分，如【版本 3】所示。

【版本 3】
Table 1: 學號 | 學生姓 | 學生名 | 班級編號 | 學生在班級內的序號 | 性別 | 年齡 | 是否成年 | 緊急聯絡手機號 Table 2: 班級編號 | 班主任

3. 第三範式

第三範式（3NF）要求任何非主屬性不依賴於其他非主屬性。

在【版本 3】的 Table 1 中，非主屬性「是否成年」依賴於非主屬性「年齡」，違背了第三範式。

在這裡我們也明確下，「是否成年」這一屬性不影響表滿足第二範式。首先，「是否成年」這一屬性可以由候選鍵「學號」或候選鍵「班級編號」和「學生在班級內的序號」推導出來。但是，候選鍵中的部分資訊，如「學生在班級內的序號」則無法推導出「是否成年」這一屬性。因此，「是否成年」這一屬性和該資料表的鍵有完全依賴關係，不影響表滿足第二範式。實際上，「是否成年」屬性是傳遞依賴於候選鍵，而第三範式其實就是要求消除非主屬性對候選鍵的傳遞依賴。

一個表不滿足第三範式也會導致資料容錯和資料不一致。舉例來說，「年齡」能決定「是否成年」屬性，則後者是多餘的，可以省略的。而且可能會在多筆記錄中出現「年齡」相同而「是否成年」不同的情況。

為了使表滿足第三範式，我們增加了一個「年齡—是否成年」關係對照表。修改後，獲得了【版本 4】的形式。

【版本 4】
Table 1:   學號 | 學生姓 | 學生名 | 班級編號 | 學生在班級內的序號 | 性別 | 年齡 | 緊急聯絡手機號   Table 2:   班級編號 | 班主任   Table 3:   年齡 | 是否成年

當然，在實際設計專案時，我們往往會選擇使用一個函數替代【版本 4】的 Table 3，該函數以年齡為輸入，列出是否成年的判斷值。這樣，「是否成年」這一屬性便不需要儲存。

4. BCNF

BCNF（Boycee Codd Normal Form，巴斯範式）又稱為修正的第三範式，它要求每個屬性都不傳遞依賴於非主屬性。

第三範式中不允許非主屬性依賴另一個非主屬性，但是允許主屬性依賴非主屬性。而 BCNF 要求包括非主屬性和主屬性的任何屬性都不能依賴非主屬性。

【版本 4】已經滿足了第三範式，但卻不滿足 BCNF，因為主屬性「學生在班級內的序號」依賴於非主屬性「學生姓」。那這會引發什麼問題呢？

首先，實體完整性要求主屬性不能為空值，因此每筆記錄插入時，「學生在班級內的序號」屬性不能為空值。那麼在學生資訊逐筆插入時，就需要為每一筆記錄指定「學生在班級內的序號」屬性。而根據我們的合理性假設，「學生在班級內的序號由姓名字首排序得來」，這表示在所有記錄被插入以前，我們無法列出「學生在班級內的序號」屬性的值。這種互相限制，使得記錄的插入無法進行。

為了使得表滿足 BCNF，我們修改成【版本 5】形式。

【版本 5】
Table 1: 學號 | 學生姓 | 學生名 | 班級編號 | 性別 | 年齡 | 緊急聯絡手機號
Table 2: 班級編號 | 班主任
Table 3: 年齡 | 是否成年
Table 4: 學號 | 學生在班級內的序號

經過修改之後，「學號」成了【版本 5】Table 1 中唯一的主屬性。整個表的設計也滿足 BCNF 了。在使用中，可以先在 Table 1 中逐一插入

學生資訊資料，待全班學生資訊插入完畢後，再根據 Table 1 中的「學號」、「學生姓」屬性寫入 Table 4。

5. 第四範式

第四範式（4NF）要求屬性之間不允許有非平凡，且非函數依賴的多值依賴。

因為一個學生可能有多個緊急聯絡手機號，因此【版本 5】的 Table 1 不滿足第四範式。如果某個學生多增加一個緊急聯絡手機號，就需要將該學生的所有資訊都要在資料庫中多儲存一份，這同樣導致了資料容錯，並可能導致資料不一致。

因此，我們依照第四範式的要求，修改【版本 5】後得到【版本 6】所示的設計。

【版本 6】

Table 1:
學號 | 學生姓 | 學生名 | 班級編號 | 性別 | 年齡

Table 2:
班級編號 | 班主任

Table 3:
年齡 | 是否成年

Table 4:
學號 | 學生在班級內的序號

Table 5:
學號 | 緊急聯絡手機號

---

6. 第五範式

第五範式（5NF）要求表中的每個連接依賴由且僅由候選鍵推出。

通俗來說，一個表滿足第五範式表示它不能被無損分解為幾個更小的候選鍵不同的表。現在來看【版本 6】，以 Table 1 為例，可以拆解出多個表，但是每個表的候選鍵都是「學號」，因此 Table1 滿足第五範式。同樣地，【版本 5】中的其他表也滿足第五範式。

為了幫助大家了解第五範式，我們重新定義一個表，如下所示。下面是一個教師職責分配表，記錄「李明—五年級一班—衛生」表示李明老師要負責五年級一班的衛生。

【職責分配表】

教師	班級	項目
李明	五年級一班	衛生
李明	五年級二班	衛生
劉華	五年級一班	衛生
劉華	五年級一班	紀律
劉華	五年級二班	衛生
劉華	五年級二班	紀律
易哥	五年級一班	成績
易哥	五年級二班	成績
齊強	五年級三班	衛生
齊強	五年級三班	紀律
齊強	五年級三班	成績
齊強	五年級三班	體育

在職責分配表中，不同老師負責不同的班級，不同班級有不同的項目，不同老師也只負責某些特定的項目。於是，在職責分配表中，三個屬性共同組成了主鍵。同時，該表也滿足第四範式，因為不存在多值依賴。

如果沒有任何規則限制老師的職責分配，那麼上面所示的職責分配表是不可再拆的。

但是，如果存在下述規則：如果某個老師負責的班級集合為 C，負責的項目集合為 I，那麼當他負責一個新班級 c_1 時，他必須負責該班級的集合 I 中的所有項目。上述表述有些拗口，我們可以使用範例繼續說明。劉華老師負責五年級一班、五年級二班的衛生和紀律，則他負責的項目集合為 { 衛生，紀律 }（這個角色可能是教導主任）。那五年級三班（這個班級可能是個體育特長班）可以不讓劉華老師負責，但是只要讓他負責，他就會負責其中的衛生、紀律這兩項。

如果上述規則是成立的，當決定讓劉華老師負責五年級三班時，我們需要插入的資料有兩筆：

```
劉華 ｜ 五年級三班 ｜ 衛生
劉華 ｜ 五年級三班 ｜ 紀律
```

這時我們能感覺到，職責分配表所示的設計存在問題，某些資訊是容錯的。這其實是因為職責分配表不滿足第五範式，它可以無損地拆分為以下三個表：

```
Table 1:
教師 ｜ 班級
Table 2:
班級 ｜ 項目
Table 3:
教師 ｜ 項目
```

經過修改後的職責分配表除去了資訊的容錯。當我們需要劉華老師負責五年級三班時，僅需要在 Table 1 中插入一筆資料：

```
劉華 ｜ 五年級三班
```

6.2.2 反範式設計

經過多次修改得到的【版本 6】資料表設計已經完全符合第五範式，【版本 6】的 Table 1 到 Table 5 中不重不漏地儲存了所有的資訊。

假設我們進行一個資訊的檢索：尋找學號為 "008008" 的同學的班主任，則我們需要的檢索步驟是：

① 透過 Table 1 檢索到「學號」為 008008 的同學的「班級編號」，記為 c。

② 透過 Table 2 檢索「班級編號」為 c 的唯一記錄的「班主任」，為最終結果。

整個過程需要檢索兩個表。

如果尋找一個同學的班主任是一項高頻且對響應時間很敏感的操作，則上述連表查詢並不合理。我們可以將屬性「班主任」合併到 Table 1 中，得到【版本 7】。

【版本 7】
Table 1: 學號 | 學生姓 | 學生名 | 班級編號 | 性別 | 年齡 | 班主任 Table 2: 年齡 | 是否成年 Table 3: 學號 | 學生在班級內的序號 Table 4: 學號 | 緊急聯絡手機號

這時，我們再尋找學號 008008 同學的班主任。則需要的檢索只需要透過

Table 1 檢索到「學號」為 008008 的同學的「班主任」，即為查詢結果。

顯然這樣減少了資料庫查詢，在該操作頻繁發生時能夠提升系統性能。但是，【版本 7】中的 Table 1 不再滿足第二範式，存在資料容錯，並可能引發資料不一致。

如果我們願意為了提升查詢速度而付出一些額外的代價，如在更新某個班級班主任時，採用交易保證班級所有學生的記錄全部更新，則這種設計也是可以接受的。這就是反範式設計。在這種反範式設計中，我們犧牲了編輯性能（採用交易更新多個資料，導致編輯性能下降）換來了查詢性能的提升（將原來的連表查詢簡化為單表查詢）。

反範式設計就是在範式設計的基礎上，違反範式中的某一筆或某幾筆，以達到提升系統查詢效率等效果。我們在使用時，要確保範式設計是反範式設計的基礎，在範式設計的基礎上根據目的進行特定的違反操作，切不可將反範式設計當作隨意設計的理由。

在第 12 章我們也會以實際專案為例，介紹如何在範式設計的基礎上，使用反範式設計提高目標系統的性能。

6.3 索引原理與最佳化

在資料庫查詢出現效率瓶頸時，索引是提升查詢效率的絕佳方法。實踐證明恰當的索引能夠輕鬆地將資料查詢時間縮小一個數量級，效果極為明顯。

要讓索引發揮其效力，需要我們從原理和使用場景上對索引進行把握。這一節我們將對相關知識進行詳細介紹。

6.3.1 索引的原理

索引是資料庫中的一些資料結構,這些資料結構能幫助我們從許多的資料中快速檢索到我們所需要的記錄。

我們知道,能夠實現快速檢索的常用資料結構有雜湊表、二元樹、多叉樹等,索引就是根據這些資料結構的檢索原理實現的。接下來,我們來了解常用的索引類型、工作原理,以及最佳化規則。

1. Hash 索引

Hash 索引是利用 Hash 函數來對資料表中的資料增加索引。當我們對資料表中的某一列增加索引時,資料庫會將該列的所有資料的 Hash 結果計算出來,並將 Hash 結果和該記錄的位址存放到索引檔案中,如圖 6.2 所示。

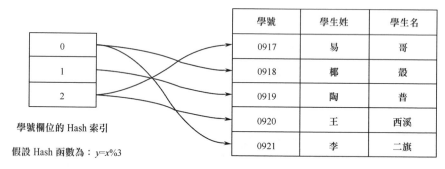

圖 6.2 Hash 索引

當我們根據索引列進行資料查詢時,資料庫會使用同樣的 Hash 演算法,將我們的查詢準則進行 Hash,然後到索引檔案中進行尋找。如果在索引檔案中找到相同的結果,則根據索引檔案中的記錄位址找到對應的資料進行再次讀取和比對;如果在索引檔案中未找到相同的結果,則表明要查詢的資料不存在。

我們知道，相比於 CPU 的運算速度，磁碟資料的讀取速度要慢很多，而記憶體則在磁碟和 CPU 之間有著重要的作用。在使用了 Hash 索引以後，資料庫可以將 Hash 索引快取在記憶體中。這樣，僅透過存取記憶體便可以實現記錄的初步尋找。

我們還要明白一點，基於 Hash 索引進行記錄尋找時，一定需要讀取資料庫中的記錄，哪怕是進行 "COUNT(*)" 這種的尋找也需要。這是因為雜湊碰撞的存在使得 Hash 索引中的 Hash 值一致，不代表記錄中該屬性的原值一致，必須要讀取到記錄並比較原值後才能確定。因此，透過 Hash 索引找到一個或多個記錄後，必須逐一存取這些記錄來確認這些記錄確實是目標記錄。

Hash 索引的原理和使用都非常簡單，但同時 Hash 索引也存在一些局限性。

首先，Hash 索引只能進行 "="、"IN" 和 "<=>" 這種的相等查詢，而不能進行區間查詢。因為透過 Hash 建立的索引是無序的。因此，對於需要進行排序、比較、區間查詢的屬性，不適合建立 Hash 索引。

其次，雜湊碰撞會降低系統的查詢效率。當索引列存在大量的相同值時，它們的 Hash 結果也是一樣的，則需要逐一確認記錄後才能找出目標記錄。因此，對於性別、類型等選擇性比較低的屬性，不適合建立 Hash 索引。

2. BTree 索引

BTree 索引是指利用 B- 樹或 B+ 樹來讀取資料表中的指定屬性建立索引。在了解 BTree 索引之前，我們先了解一下 B- 樹和 B+ 樹。

對於樹，假設其深度為 h，則在存取樹中的節點時，我們最多要存取 h 次。BTree 索引的根節點總是駐留在記憶體中，這減少了一次存取請求，因此到達某節點最多需要 h-1 次存取。假設節點總數為 N，樹的外分支度為 d，則尋找一個資料節點的時間複雜度為 $O(\log_d N)$。在資料節點數目不變的情況下，增加樹的外分支度 d 對於降低資料查詢的時間複雜度十分有效。

然而，樹的外分支度不能無限增大。

因為記憶體位址空間有限，為了實現記憶體的定址，Linux 等系統中使用了頁的概念。一般情況下，每個頁的大小是 4KB。在一個頁內的儲存空間的位址是連續的，可以很方便地被一次 IO 操作連續讀取。因此，為了保證一個節點中的資料能被一次 IO 操作讀取，節點最大為 4KB。節點的大小限制了樹的外分支度。

B- 樹的所有節點上都儲存資料，B+ 樹只在葉節點上儲存資料。在記憶體的頁大小相同的情況下，B- 樹的非頁節點也需要儲存資料，其能儲存子節點位址資訊的空間有限，因此 d 相對較小；B+ 樹的非頁節點可以全部用來儲存子節點位址資訊，d 可以更大。因此，使用 B+ 樹作為索引能使得查詢節點的複雜度 $O(\log_d N)$ 更小。所以，MyISAM、InnoDB 等引擎都使用 B+ 樹來實現索引。

在 B+ 樹實現的資料表索引中，非頁節點全部儲存子節點位址，葉節點則儲存記錄位址，如圖 6.3 所示。這樣，樹的外分支度為 d 可以做的很大，最多需要 h-1 次存取，時間複雜度為 $O(\log_d N)$ 便可以找出目標記錄的位址。

在具體實現中，可以像圖 6.3 所示的那樣，在葉節點中只儲存指向具體記錄的連接，MyISAM 引擎就是這麼做的；也可以在葉節點中直接儲存資料，InnoDB 引擎就是這麼做的。InnoDB 引擎中的葉節點儲存的是對應記錄的主鍵的值。

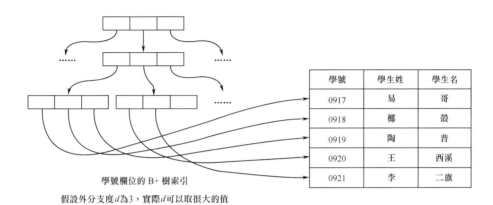

學號欄位的 B+ 樹索引

假設外分支度 d 為 3，實際 d 可以取很大的值

圖 6.3　資料表的 B+ 樹索引

了解了這些之後，我們便知道在使用 InnoDB 引擎時，主鍵屬性不宜太長。因為輔助索引的葉節點中儲存了主鍵屬性，它太長的話會在輔助索引中佔據較大的儲存空間。

BTree 索引非常穩定，不存在雜湊碰撞等隨機因素。只需要幾次 IO 操作便可以從數百萬資料中索引到目標值。而且，BTree 中的資料是排序的，因此 BTree 索引支援區間、比較等方式的查詢，是一種十分強大且常用的索引方式。

3. 點陣圖索引

如果要建立索引的屬性只有固定的幾個值，則不適合建立 Hash 索引，因為存在大量的雜湊碰撞；也不適合建立 BTree 索引，因為存在大量的相等的節點。這時，我們可以為這些屬性建立點陣圖索引。

假如存在如下所示的資料表：

編號	姓名	性別	角色	是否新使用者

其中角色屬性的可選值是有限的，只有「學生」、「教師」、「家長」三個角色可選。如果我們想在「性別」、「角色」、「是否新使用者」這三個屬性上建立索引，以便於迅速索引出符合條件的使用者。這時我們就可以使用點陣圖索引。

點陣圖索引的基本原理就是向量化和位元邏輯運算。假設存在下表所示的資料。

編號	姓名	性別	角色	是否新使用者
001	李強	男	學生	是
002	朱明	男	家長	否
003	黃崗	男	教師	是
004	劉嬌	女	教師	否

則對「性別」、「角色」、「是否新使用者」這三個屬性上建立的點陣圖索引時，具體操作就是將屬性中的每個選項都單獨作為一列。

編號	男	女	學生	教師	家長	新使用者	非新使用者
001	1	0	1	0	0	1	0
002	1	0	0	0	1	0	1
003	1	0	0	1	0	1	0
004	0	1	0	1	0	0	1

如果要使用該索引檢索「性別為男的教師中的新使用者」，則是將三個條件對應的「男」、「教師」、「新使用者」向量取出來，進行位元與操作：

```
001: 1 | 0 | 1 = 0
002: 1 | 0 | 0 = 0
003: 1 | 1 | 1 = 1
004: 0 | 1 | 0 = 0
```

最終得到輸出為 1 的記錄，即為檢索的結果。這裡，只有編號為 003 的記錄是我們要檢索的結果。

要知道，在點陣圖索引中，屬性的設定值非常集中，可能只有幾個選項。因此，任何一個屬性值所提供的資訊量並不大，使用點陣圖索引後，最終索引到的可能是一個記錄集合。假設上表中記錄的屬性分散式是均勻的，在其中查詢「性別為男的教師中的新使用者」，則索引到的結果集中的記錄數目是總記錄數目的 $\frac{1}{2} \times \frac{1}{3} \times \frac{1}{2} = \frac{1}{12}$。

點陣圖索引基於向量和邏輯運算完成了對記錄的快速篩選，對於一些枚舉值屬性而言是一種非常好的索引方法。但點陣圖索引顯然不適合為姓名、學號、電話號碼等非枚舉的屬性建立索引，因為每一個屬性設定值都對應了一個向量，會導致索引過於龐大。

點陣圖索引中的每一個維度（如「男」這一維度）的向量都和每一筆記錄相關。這表示，只要某個維度中有一筆記錄發生變更，則為導致這個維度的向量發生變更。因此，點陣圖索引中任一記錄的任一屬性變化（如編號 001 的記錄中「是否新使用者」屬性從「是」變為「非」），會導致該屬性對應的向量（「新使用者」向量和「非新使用者」向量）發生變化，這會導致資料庫鎖定整個向量來進行變更。所以，點陣圖索引只適合建立在不常發生變動的屬性上。

6.3.2 索引生效分析

不同的索引類型具有不同的作用範圍，舉例來説，Hash 索引不能在 ">=" 運算子參與的情況下生效。如果在使用索引時超出了索引的作用範圍，則會導致索引故障，無法造成加速查詢的作用。

為了及時發現索引故障的情況，我們可以使用分析敘述來分析索引的使用情況。以 MySQL 為例，我們可以在檢索敘述前增加 EXPLAIN 或 DESCRIBE（DESCRIBE 可簡寫為 DESC）關鍵字來分析索引的生效過程。

EXPLAIN 中列出的結果中，各個欄位的含義以下 [7]。

- id：此次查詢的唯一性標識。
- select_type：查詢操作的類型，例如不含 UNION 的簡單查詢操作、最外層的查詢操作、子查詢操作、UNION 查詢操作等。
- table：查詢所涉及的表的名稱。
- partitions：查詢所涉及的表的分區。如果表未分區，則此處值為 null。
- type：連接類型。該欄位十分重要，其常用的結果值的含義如下。
  - system：表明該表只有一筆記錄，且該表是系統表，這是 const 的特殊形式。
  - const：表最多有一個匹配行，該行在查詢開始時讀取。const 表非常快，因為它們只讀取一次。當我們按照主鍵索引一筆記錄時，便是 const 類型的查詢。
  - ref：使用索引進行了查詢。
  - fulltext：連接是使用全文索引執行的。

- ref_or_null：類似 ref，但是 MySQL 會額外搜索包含空值的行。
- range：只檢索指定範圍內的行，使用索引選擇行。
- index：對索引樹進行了全部掃描。此時索引並不能生效，但是索引樹中卻恰好包含了所有的資料，比全資料表掃描要快。
- All：對表中的資料進行了全部掃描。這種情況導致性能往往很差，要避免。

- possible_keys：該查詢操作可能利用的索引。
- key：最終查詢操作使用的索引。
- key_len：最終查詢操作使用的索引鍵的長度。
- ref：它顯示了與 key 欄位中的索引進行比對的是哪些列或常數。
- rows：此次查詢必須涉及的表中資料的行數。
- filtered：經查詢準則中的 WHERE 選項過濾後，剩餘的資料佔總數據量的百分比的估計值。注意，這是一個估計值。
- Extra：額外資訊。

圖 6.4 展示了使用 EXPLAIN 分析查詢敘述執行情況。

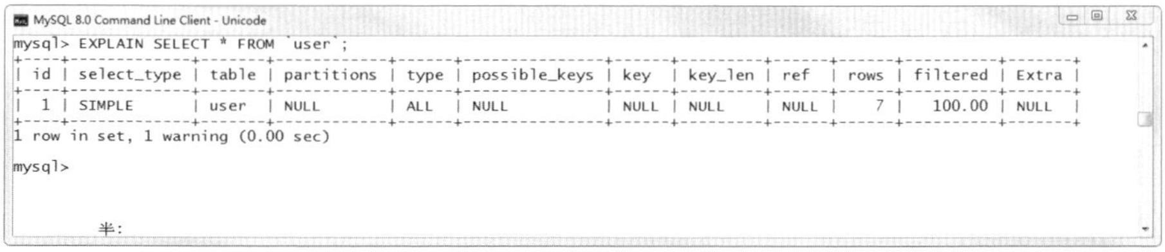

```
MySQL 8.0 Command Line Client - Unicode
mysql> EXPLAIN SELECT * FROM `user`;
+----+-------------+-------+------------+------+---------------+------+---------+------+------+----------+-------+
| id | select_type | table | partitions | type | possible_keys | key  | key_len | ref  | rows | filtered | Extra |
+----+-------------+-------+------------+------+---------------+------+---------+------+------+----------+-------+
|  1 | SIMPLE      | user  | NULL       | ALL  | NULL          | NULL | NULL    | NULL |    7 |   100.00 | NULL  |
+----+-------------+-------+------------+------+---------------+------+---------+------+------+----------+-------+
1 row in set, 1 warning (0.00 sec)

mysql>
```

圖 6.4　使用 EXPLAIN 分析查詢敘述執行情況範例 1

圖 6.4 展示的結果表示被分析的查詢是一次涉及 user 表的簡單查詢，查詢過程中對表中所有的共 7 筆資料進行了掃描，沒有任何的索引被使用。因為沒有使用 WHERE 敘述，所以估計經過濾後剩餘的資料佔總數據量的 100%。

圖 6.5 展示的第一次分析結果表示被分析的查詢是一次涉及 user_
memory 表的簡單查詢。查詢過程中可能使用名為 ui 的索引，並最終使
用該索引進行了查詢，該索引的鍵長度為 2045。索引過程中，使用了
兩個常數（「易哥」和 "Sunny School" 字串）與索引中的結果進行了比
對。查詢過程中一共掃描了表中的 2 筆資料。預估 100% 的資料將透過
過濾（因為 WHERE 敘述的過濾條件全命中了索引，所以按照索引查
詢，沒有使用 WHERE 過濾，故確實為 100%）。

```
MySQL 8.0 Command Line Client - Unicode

mysql> ALTER TABLE `user_memory` ADD INDEX ui (`schoolName`,`name` ) USING HASH;
Query OK, 7 rows affected (0.05 sec)
Records: 7  Duplicates: 0  Warnings: 0

mysql> EXPLAIN SELECT * FROM `user_memory` WHERE `name` = '易哥' AND `schoolName` = 'Sunny School';
+----+-------------+-------------+------------+------+---------------+------+---------+-------------+------+----------+-------+
| id | select_type | table       | partitions | type | possible_keys | key  | key_len | ref         | rows | filtered | Extra |
+----+-------------+-------------+------------+------+---------------+------+---------+-------------+------+----------+-------+
|  1 | SIMPLE      | user_memory | NULL       | ref  | ui            | ui   | 2045    | const,const |    2 |   100.00 | NULL  |
+----+-------------+-------------+------------+------+---------------+------+---------+-------------+------+----------+-------+
1 row in set, 1 warning (0.00 sec)

mysql> EXPLAIN SELECT * FROM `user_memory` WHERE `schoolName` = 'Sunny School';
+----+-------------+-------------+------------+------+---------------+------+---------+------+------+----------+-------------+
| id | select_type | table       | partitions | type | possible_keys | key  | key_len | ref  | rows | filtered | Extra       |
+----+-------------+-------------+------------+------+---------------+------+---------+------+------+----------+-------------+
|  1 | SIMPLE      | user_memory | NULL       | ALL  | ui            | NULL | NULL    | NULL |    7 |    14.29 | Using where |
+----+-------------+-------------+------------+------+---------------+------+---------+------+------+----------+-------------+
1 row in set, 1 warning (0.00 sec)

mysql>    半:
```

圖 6.5 使用 EXPLAIN 分析查詢敘述執行情況範例 2

圖 6.5 展示的第二次分析結果，表示被分析的查詢是一次涉及 user_
memory 表的簡單查詢。查詢過程中可能使用名為 ui 的索引，但最終該
索引無法滿足查詢準則。最終對表中的 7 筆資料進行了掃描，掃描中
使用 WHERE 敘述進行過濾，預估 14.29% 的資料將透過過濾（全表共
有 7 筆記錄，14.29% 約為 1/7，但實際經過 WHERE 過濾後滿足條件
的資料有多筆，因此這次估計是錯誤的。）

透過圖 6.5 前後兩次的 EXPLAIN 分析，我們就可以知道後一次查詢中
索引並未生效。

資料庫的設計中，使用索引分析關鍵字來分析索引的生效情況是非常
重要的。它能幫助我們及時發現索引引用的錯誤，防止我們在系統中
應用了低效查詢而不自知。

6.3.3 索引的使用

使用分析敘述對索引執行情況進行分析，能幫助我們正確地使用索引。而了解和掌握索引的故障原因，對索引的使用情況進行改正則是更重要的。接下來，我們對常見的索引故障場景和原因進行複習，以幫助我們正確地使用索引。

在此之前，我們再對索引進行一次分類。與第 6.3.1 節根據索引原理將索引分為 Hash 索引、BTree 索引、點陣圖索引不同，這次將從使用場景維度進行分類。

- 唯一索引：是指不允許兩筆記錄具有相同索引值的索引。
- 主鍵索引：如果資料表中的某個屬性被定義為主鍵，則會自動為其創建索引。主鍵索引必定是唯一索引。
- 聚集索引：如果表中的物理順序與索引的邏輯順序一致，則該索引是聚集索引。一個表只能有一個聚集索引。
- 聯合索引：可以將幾個列聯合起來，共同創建一個索引，這種索引叫作聯合索引。
- 過濾索引：在建立索引時，可以不對所有的記錄建立索引，而只對滿足一定條件的記錄建立索引。這種索引叫過濾索引，它能減少索引記錄的數目。
- 全文索引：對某個屬性建立全文索引時，會對該屬性中的全文資訊進行分詞，並對分詞結果分別建立索引，這種索引叫全文索引。全文索引能顯著提升對屬性中包含內容的檢索速度。
- 字首索引：有些屬性中的值非常長，為整個內容建立索引沒有必要。這時我們可以對屬性中內容的字表頭分建立索引，這種索引叫作字首索引。對於較長的屬性建議採用這種索引。

接下來，我們介紹不同類型（可能是索引原理維度的分類，也可能是使用場景維度的分類）索引的故障情況。為了更為直觀和易於了解，我們將透過範例方式介紹。

📁 **備註**

本節範例中涉及的資料表的創建指令稿和初始化資料請參閱 PerformanceDemo 專案（網址 https://github.com/yeecode/Performance Demo）中的範例 12。

---

1. 計算與類型轉化引發的索引故障

計算與類型轉化引發的索引故障是最常見的索引故障方式。

為了展示這一點，我們使用下面的 SQL 敘述創建一個資料表。

```
CREATE TABLE `user` (
  `id` int(11) NOT NULL AUTO_INCREMENT,
  `name` varchar(255) NOT NULL,
  `email` varchar(255) DEFAULT NULL,
  `age` int(11) DEFAULT NULL,
  `sex` int(255) DEFAULT NULL,
  `schoolName` varchar(255) DEFAULT NULL,
  PRIMARY KEY (`id`)
) ENGINE=InnoDB;
```

然後使用以下程式對其中的 age 屬性和 name 屬性增加索引。

```
ALTER TABLE `user` ADD INDEX name (`name`) USING BTREE;
ALTER TABLE `user` ADD INDEX age (`age`) USING BTREE;
```

這時我們對 age 屬性展開一次查詢操作，可以發現索引成功生效，只用常數時間便完成了查詢過程。該查詢操作的 EXPLAIN 結果如圖 6.6 所示。

```
MySQL 8.0 Command Line Client - Unicode
mysql> EXPLAIN SELECT * FROM `user` WHERE `age` = 18;
+----+-------------+-------+------------+------+---------------+------+---------+-------+------+----------+-------+
| id | select_type | table | partitions | type | possible_keys | key  | key_len | ref   | rows | filtered | Extra |
+----+-------------+-------+------------+------+---------------+------+---------+-------+------+----------+-------+
|  1 | SIMPLE      | user  | NULL       | ref  | age           | age  | 5       | const |    1 |   100.00 | NULL  |
+----+-------------+-------+------------+------+---------------+------+---------+-------+------+----------+-------+
1 row in set, 1 warning (0.00 sec)

mysql>
```

圖 6.6 基於索引對 age 屬性進行檢索範例

而這時，如果我們在查詢時對 age 屬性進行一次計算，則可以看出此次查詢中索引故障。此次查詢進行了全資料表掃描，掃描了表中的 7 筆記錄。該查詢操作的 EXPLAIN 結果如圖 6.7 所示。

```
MySQL 8.0 Command Line Client - Unicode
mysql> EXPLAIN SELECT * FROM `user` WHERE `age` + 1 = 19;
+----+-------------+-------+------------+------+---------------+------+---------+------+------+----------+-------------+
| id | select_type | table | partitions | type | possible_keys | key  | key_len | ref  | rows | filtered | Extra       |
+----+-------------+-------+------------+------+---------------+------+---------+------+------+----------+-------------+
|  1 | SIMPLE      | user  | NULL       | ALL  | NULL          | NULL | NULL    | NULL |    7 |   100.00 | Using where |
+----+-------------+-------+------------+------+---------------+------+---------+------+------+----------+-------------+
1 row in set, 1 warning (0.00 sec)

mysql>
```

圖 6.7 屬性計算引發的索引故障範例

可見，對索引屬性進行計算操作確實會引發索引的故障。

接下來我們對 name 屬性進行一次檢索，分析結果如圖 6.8 所示。這時 name 屬性的索引生效，結果如圖 6.8 所示。

```
MySQL 8.0 Command Line Client - Unicode
mysql> EXPLAIN SELECT * FROM `user` WHERE `name` = 'yeecode';
+----+-------------+-------+------------+------+---------------+------+---------+-------+------+----------+-------+
| id | select_type | table | partitions | type | possible_keys | key  | key_len | ref   | rows | filtered | Extra |
+----+-------------+-------+------------+------+---------------+------+---------+-------+------+----------+-------+
|  1 | SIMPLE      | user  | NULL       | ref  | name          | name | 1022    | const |    1 |   100.00 | NULL  |
+----+-------------+-------+------------+------+---------------+------+---------+-------+------+----------+-------+
1 row in set, 1 warning (0.00 sec)

mysql>
```

圖 6.8 基於索引對 name 屬性進行檢索範例

如果我們使用 name = 18 進行一次查詢，則數字 18 會被自動轉為字串，然後再進行查詢。此時的結果如圖 6.9 所示。

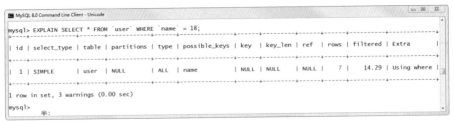

圖 6.9 屬性類型轉換引發的索引故障範例

可以 name 屬性上的索引已經故障，此次查詢進行了全資料表掃描。

因此，在使用索引時，一定要注意計算和類型轉化引發的索引故障問題。

注意，本節所有範例均基於 BTree 索引展開。但是，本節的結論對於 Hash 索引同樣成立。

2. 聯合索引的故障

聯合索引是在幾個屬性上共同創建索引，我們可以透過下列敘述在資料表上為表的 shcoolName 屬性和 name 屬性創建名為 ui 的聯合索引。不過在此之前，我們需要先使用 DROP INDEX 命令刪除之前創建的索引，防止它們對這次驗證造成干擾。

```
ALTER TABLE `user` DROP INDEX name;
ALTER TABLE `user` DROP INDEX age;
ALTER TABLE `user` ADD INDEX ui ( `schoolName`, `name` ) USING BTREE;
```

此時，我們單獨對 shoolName 屬性和 name 屬性展開檢索，便可以發現該索引對前者生效而對後者不生效，如圖 6.10 所示。

MySQL 8.0 Command Line Client - Unicode

```
mysql> EXPLAIN SELECT * FROM `user` WHERE `schoolName` = 'Sunny School';
+----+-------------+-------+------------+------+---------------+-----+---------+-------+------+----------+-------+
| id | select_type | table | partitions | type | possible_keys | key | key_len | ref   | rows | filtered | Extra |
+----+-------------+-------+------------+------+---------------+-----+---------+-------+------+----------+-------+
|  1 | SIMPLE      | user  | NULL       | ref  | ui            | ui  | 1023    | const |    4 |   100.00 | NULL  |
+----+-------------+-------+------------+------+---------------+-----+---------+-------+------+----------+-------+
1 row in set, 1 warning (0.00 sec)

mysql> EXPLAIN SELECT * FROM `user` WHERE `name` = '易哥';
+----+-------------+-------+------------+------+---------------+------+---------+------+------+----------+-------------+
| id | select_type | table | partitions | type | possible_keys | key  | key_len | ref  | rows | filtered | Extra       |
+----+-------------+-------+------------+------+---------------+------+---------+------+------+----------+-------------+
|  1 | SIMPLE      | user  | NULL       | ALL  | NULL          | NULL | NULL    | NULL |    7 |    14.29 | Using where |
+----+-------------+-------+------------+------+---------------+------+---------+------+------+----------+-------------+
1 row in set, 1 warning (0.00 sec)

mysql>
        半:
```

圖 6.10 基於 BTree 的聯合索引使用範例

出現這種現象的原因就是聯合索引的最左字首原理。

在建立聯合索引時，索引會先按照最左位置的 schoolName 屬性建立排序，然後對於 schoolName 屬性相同的記錄再按照 name 屬性排序。因此，最終得到的索引中，schoolName 屬性是全域有序的，而 name 屬性只在 schoolName 屬性一致時才是有序的。因此，使用 shoolName 屬性檢索可以用到該聯合索引，而使用 name 屬性檢索則無法用到該聯合索引。

因此，在建立和使用基於 BTree 的聯合索引時，一定要注意聯合索引的最左字首原理，將最可能在查詢中單獨使用的屬性放在聯合索引的最左側。

在查詢過程中，我們書寫 SQL 敘述的順序可以不必和聯合索引中屬性的順序完全一致，因為資料庫查詢器會幫助我們最佳化 SQL 敘述中的屬性順序，以達到最佳效果。因此，以下幾筆查詢都可以基於我們建立的聯合索引展開。

```
SELECT * FROM 'user' WHERE 'name' = '易哥' AND 'schoolName' = 'Sunny School';
SELECT * FROM 'user' WHERE 'schoolName' = 'Sunny School' AND 'name' = '易哥' ;
SELECT * FROM 'user' WHERE 'age' = 18 AND 'schoolName' = 'Sunny School' ;
```

對於 Hash 索引，顯然不存在排序問題。我們可以基於 MEMORY 引擎
創建一個名為 user_memory 的表進行測試（InnoDB 引擎不支援 Hash
索引）。

```
CREATE TABLE 'user_memory' (
  'id' int(11) NOT NULL AUTO_INCREMENT,
  'name' varchar(255) NOT NULL,
  'email' varchar(255) DEFAULT NULL,
  'age' int(11) DEFAULT NULL,
  'sex' int(255) DEFAULT NULL,
  'schoolName' varchar(255) DEFAULT NULL,
  PRIMARY KEY (`id`),
  KEY 'ui' ('schoolName', 'name') USING HASH
) ENGINE=MEMORY;
```

📂 備註

資料表的創建指令稿和初始化資料請參閱 PerformanceDemo 專案（網
址 https://github.com/ yeecode/PerformanceDemo）中的範例 12。

MEMORY 引擎支援 Hash 索引，我們可以為 schoolName 屬性和 name
屬性創建聯合索引，並進行如圖 6.11 所示的測試。

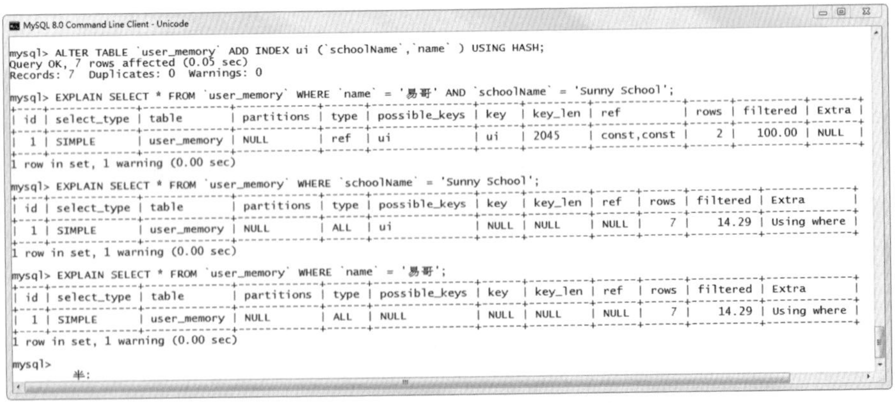

圖 6.11 基於雜湊的聯合索引使用範例

可見對於基於雜湊的聯合索引，只有當聯合索引中的屬性同時出現（順序可變）的情況下，聯合索引才會生效。這是因為基於雜湊的聯合索引是把多個屬性中的資料一起雜湊後建立的索引，單獨的屬性無法使用該索引。

3. 模糊匹配引發的索引故障

對於 BTree 索引，使用以萬用字元開頭的查詢會引發索引的故障，在驗證這一點之前，我們再次刪除 user 表中之前的索引，並在 name 屬性上創建一個 BTree 索引。

```
ALTER TABLE `user` DROP INDEX ui;
ALTER TABLE `user` ADD INDEX name (`name` ) USING BTREE;
```

我們在 name 屬性上使用 LIKE 命令進行檢索，可以得到如圖 6.12 所示的結果。

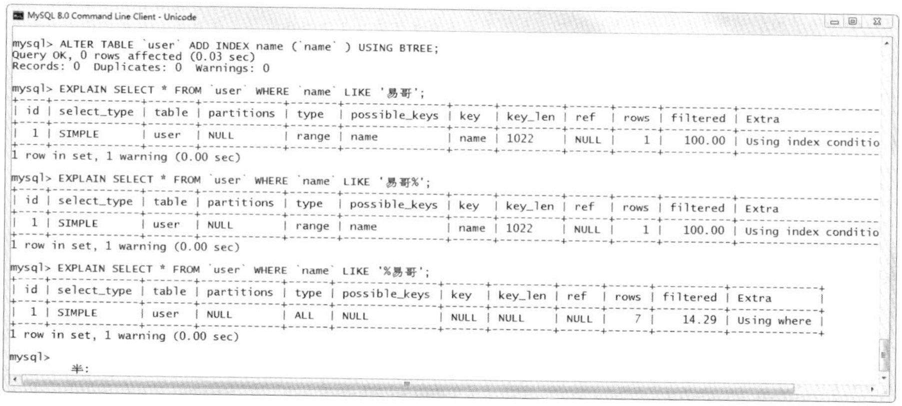

```
MySQL 8.0 Command Line Client - Unicode
mysql> ALTER TABLE `user` ADD INDEX name (`name` ) USING BTREE;
Query OK, 0 rows affected (0.03 sec)
Records: 0  Duplicates: 0  Warnings: 0

mysql> EXPLAIN SELECT * FROM `user` WHERE `name` LIKE '易哥';
+----+-------------+-------+------------+-------+---------------+------+---------+------+------+----------+-----------------------
| id | select_type | table | partitions | type  | possible_keys | key  | key_len | ref  | rows | filtered | Extra
+----+-------------+-------+------------+-------+---------------+------+---------+------+------+----------+-----------------------
|  1 | SIMPLE      | user  | NULL       | range | name          | name | 1022    | NULL |    1 |   100.00 | Using index conditio
+----+-------------+-------+------------+-------+---------------+------+---------+------+------+----------+-----------------------
1 row in set, 1 warning (0.00 sec)

mysql> EXPLAIN SELECT * FROM `user` WHERE `name` LIKE '易哥%';
+----+-------------+-------+------------+-------+---------------+------+---------+------+------+----------+-----------------------
| id | select_type | table | partitions | type  | possible_keys | key  | key_len | ref  | rows | filtered | Extra
+----+-------------+-------+------------+-------+---------------+------+---------+------+------+----------+-----------------------
|  1 | SIMPLE      | user  | NULL       | range | name          | name | 1022    | NULL |    1 |   100.00 | Using index conditio
+----+-------------+-------+------------+-------+---------------+------+---------+------+------+----------+-----------------------
1 row in set, 1 warning (0.00 sec)

mysql> EXPLAIN SELECT * FROM `user` WHERE `name` LIKE '%易哥';
+----+-------------+-------+------------+------+---------------+------+---------+------+------+----------+-------------+
| id | select_type | table | partitions | type | possible_keys | key  | key_len | ref  | rows | filtered | Extra       |
+----+-------------+-------+------------+------+---------------+------+---------+------+------+----------+-------------+
|  1 | SIMPLE      | user  | NULL       | ALL  | NULL          | NULL | NULL    | NULL |    7 |    14.29 | Using where |
+----+-------------+-------+------------+------+---------------+------+---------+------+------+----------+-------------+
1 row in set, 1 warning (0.00 sec)

mysql>
      半:
```

圖 6.12 在 BTree 索引上使用模糊匹配查詢

可見當以萬用字元 "%" 開頭時，會導致 BTree 索引故障。這是因為 BTree 索引是自左向右計算屬性的值，屬性以 "%" 開頭則導致索引直接故障。

對於 Hash 索引，因為是對這個屬性值計算雜湊值，因此任何的萬用字元都會導致 Hash 索引故障。為了驗證這一點，我們在 user_memory 表建立一個 Hash 索引。

```
ALTER TABLE `user_memory` DROP INDEX ui;
ALTER TABLE `user_memory` ADD INDEX name (`name`) USING HASH;
```

然後我們基於 Hash 索引使用模糊匹配進行查詢，得到如圖 6.13 所示的結果，驗證了我們的結論。

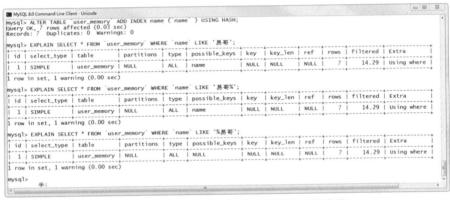

圖 6.13　在 Hash 索引上使用模糊匹配查詢

而對於正規表示法的查詢，兩種索引原理下的索引均不能生效。

4. 其他索引故障場景

除了上述介紹的幾種典型的故障場景，還有一些操作會導致索引故障。在這裡我們將這些操作進行複習，以便於大家在使用時避免這種情況。

- BTree 索引上使用 "!="、"<>"、"NOT" 會導致索引故障。因為 BTree 索引是透過相等計算進行檢索的，無法支援這些非相等計算。

- BTree 索引上使用 IN、NOT IN 會導致索引故障，因為對集合內的每個元素應用索引檢索可能不如全資料表掃描效率高，因此資料庫會放棄使用索引。這種情況下，如果要檢索的屬性值是連續的，可以使用 BETWEEN 代替 IN。
- Hash 索引和 BTree 索引上使用 IS NULL、IS NOT NULL、= NULL、!= NULL 會導致索引故障，因為 null 值無法透過索引找到。可以透過將屬性的預設值設為 0、空字串等方式來避免屬性中出現 NULL 值。

6.3.4 索引的利弊

索引就是在資料表的原記錄之外建立的一份能加速檢索的資料結構，它在加速檢索的同時也帶來了兩個問題：

- 額外儲存的資料結構會佔據一定的儲存空間。
- 每次進行記錄插入、編輯時需要更新額外資料結構中的資料。

由於現在儲存空間都非常便宜，且索引需要的空間確實很小。因此，索引佔用儲存空間的問題可以忽略。

每次資料插入、編輯都需要更新索引，表示索引會拖慢資料庫的寫入操作，這對系統的性能有較大的影響。因此，我們不要對頻繁修改而很少查詢的屬性建立索引，而是要把索引建立到頻繁查詢且很少修改的屬性上。一般來說在一個資料表的主鍵、外鍵、常用檢索屬性上建立索引是合適的。

因此，從本質上看，索引是在用空間換時間，犧牲寫入性能提升讀取性能。因此，在使用中要根據場景選擇資料庫引擎的種類、索引的種類、使用索引的屬性、使用索引的方法，從而揚長避短更進一步地發揮索引的性能。

6.4 資料庫引擎

我們在為資料表建立索引時，可能常常遇到索引建立失敗，或所建立的索引與設定的不一樣等情況。舉例來說，如圖 6.14 所示的操作中，我們對 name 屬性創建了 Hash 索引，但是索引建立完畢後，卻發現創建的是 BTree 索引。

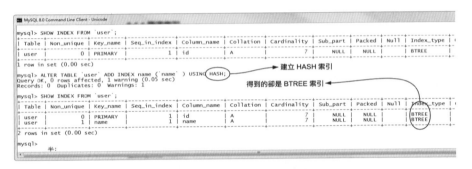

圖 6.14 命令運行截圖

為什麼會出現這種情況呢？這是因為資料庫引擎的區別。

同一種資料庫，可能有不同的資料庫引擎。以 MySQL 為例，它支持 MyISAM、InnoDB 等許多引擎。我們可以使用 SHOW ENGINES 命令查看資料庫支援的引擎及各種引擎的主要特性，如圖 6.15 所示。

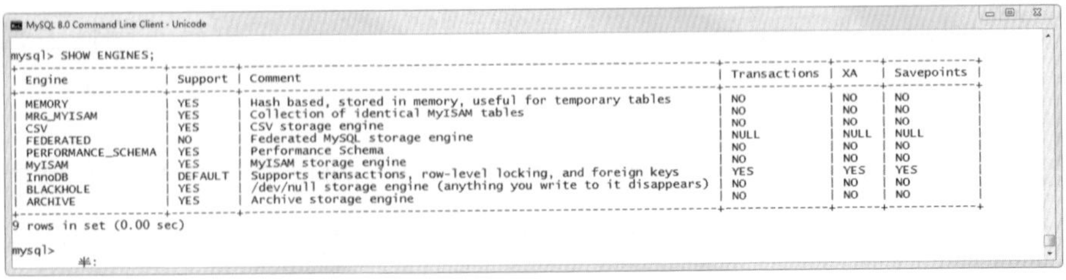

圖 6.15 查看資料庫支援的引擎

如圖 6.14 所示，建立 Hash 索引卻得到 BTree 索引的原因是當時使用的是 InnoDB 引擎，InnoDB 引擎不支援 Hash 索引。所以我們建立的 Hash 索引被自動替換為 BTree 索引，並爆出了一個 WARNING（WARNING 很容易會被我們忽略）。

不同引擎的不同特性不僅表現在索引上，還表現在允許的記錄大小、欄位大小，是否支援交易，是否支援全文檢索等各方面。在系統的資料庫設計時，了解所用資料庫支援的引擎及各個引擎的特性。然後根據具體系統設計要求選擇合適的引擎是十分必要的。

6.5　資料庫鎖

資料庫是併發操作的高發地，資料庫鎖的作用是為了防止併發操作中出現衝突。

資料庫的主要操作是讀和寫，對於讀取操作是可以併發進行的，對於寫入操作則要避免併發，因此出現了許多的資料庫鎖方案來確保讀取併發的同時防止寫入併發。然而，即使是寫入操作也是可以細分的，對於普通的單筆記錄的寫入或修改，可以只鎖定一筆記錄；對於針對全表的屬性變動，則需要鎖定整張表。為了適應以上所列的各種情況，產生了複雜的資料庫鎖策略。

最正常和簡單的方法是將資料庫鎖劃分為樂觀鎖和悲觀鎖兩大類。我們也從這兩大類多作說明。

6.5.1 樂觀鎖

樂觀鎖的最大特點就是樂觀。所謂樂觀是指樂觀鎖認為當前操作的物件上大機率不會存在併發，不需要被操作物件加鎖。樂觀鎖採用以下流程來確保不會發生併發衝突。

- 讀取被操作物件，此時記錄資料庫中被操作物件的版本編號。

- 對讀取到的被操作物件展開相關處理，得到新的被操作物件。

- 向資料庫中寫入變更後新的被操作物件，在寫回前需要驗證資料庫中被操作物件的版本編號：

  - 如果當前資料庫中被操作物件的版本編號與讀取時記錄的版本編號一致，表明被操作物件未被其他操作方修改。此時可以寫回被操作物件。

  - 如果當前資料庫中被操作物件的版本編號與讀取時記錄的版本編號不一致，表明這期間被操作物件被其他操作方修改。若此時寫回被操作物件則會導致併發衝突，因此不可以寫回操作物件。遇到這種情況可以再次讀取、處理後再嘗試寫入。

在實現樂觀鎖的過程中，最重要的是設計版本編號策略，即透過何種途徑來判斷被操作物件是否在讀和寫之間發生變化。通常的版本編號策略有以下幾種。

- 版本編號屬性：可以直接在資料表中增加一個版本編號屬性，版本編號的值可以採用時間戳記或自動增加 ID。當某筆記錄被修改時，則更新時間戳記或自動增加 ID。這樣，只要讀和寫之間的版本編號屬性值未發生變化，則代表該記錄未被修改。

- 被更新屬性：假設我們要更新的屬性為 C，則只要讀和寫這段時間中，記錄的屬性 C 的值不發生變化，便不會引發併發衝突。因此，我們可以不增加新的版本編號欄位，只需要在寫入操作時驗證被更新的屬性 C 的值是否和讀取操作時一致即可。

- 記錄的全部屬性：有些情況下，我們無法為表增加新的屬性，此時也可以將記錄的全部屬性共同作為版本編號使用。在寫入操作時，逐項比較各屬性或雜湊驗證整個記錄，來判斷該記錄是否在讀和寫這段時間發生變化。

樂觀鎖雖然被稱為「鎖」，但它只是一個讀寫策略，並未在被操作物件上增加任何限制。因此，併發鎖的存在對被操作物件的讀寫不會產生任何影響，這有利於提升被操作物件的併發數。對於操作方而言，則可能會出現寫入失敗的情況，而必須重複讀寫。因此，這是一種犧牲操作方性能而提升被操作物件併發性能的策略。從操作方的角度看，這是一種「利他」的策略。

樂觀鎖的實現原理，決定它十分適合用在經常需要被讀取但是極少需要被修改的物件上，此時樂觀鎖的樂觀假設大多數情況下是成立的，減少了操作方重複嘗試的機率。

也正因為樂觀鎖不會為被操作物件增加任何限制的「利他」特性，樂觀鎖不會引發鎖死，也不能實現隔離，當然也不能實現交易。因此，後面章節介紹的鎖死、隔離、交易等內容都與樂觀鎖無關。

在資料庫中，樂觀鎖需要資料庫的使用方實現，而不由資料庫提供。

6.5.2 悲觀鎖

悲觀鎖的特點是悲觀，這是一種真正意義上的鎖。當某個操作方在被操作物件上增加悲觀鎖後，其他操作方對被操作物件的操作（可能是讀、寫中的一種或全部，由鎖的類型決定）會被阻止，直到施加鎖的操作方釋放鎖為止。

因此，悲觀鎖透過限制被操作物件的共用性，使得持有鎖的一方可以獨享被操作物件。從操作方的角度看，這是一種「利己」的策略。

為了盡可能地減少悲觀鎖對被操作物件共用性的影響，悲觀鎖可以分為以下幾個類型。

- 共用鎖（又稱 S 鎖、讀取鎖）：某個操作方 o 對某個物件 t 加了 S 鎖後，其他操作方只能對 t 增加 S 鎖。這樣，多個物件可以同時讀物件 t，但是不能寫入物件 t。

- 排他鎖（又稱 X 鎖、寫入鎖）：某個操作方 o 對某個物件 t 加了 X 鎖後，其他操作方不能對 t 增加任何鎖。只有操作方 o 可以讀寫物件 t。

這樣似乎已經完美了，當需要讀取某個物件時，為其增加 S 鎖，其他操作方也可以增加 S 鎖但不能增加 X 鎖，於是該物件可以被併發讀取，但不可以被修改；當需要寫入某個物件時，為其增加 X 鎖，其他操作方不可以增加任何鎖，因此當前操作方可以自由讀寫該物件。但其實不然，這裡面存在著鎖死的隱憂。

試想有兩個操作方 o_1 和 o_2，都需要先讀再寫入物件 t。於是雙方都先給物件 t 增加 S 鎖，然後雙方都想將自身持有的 S 鎖修改為 X 鎖，但是對方 S 鎖的存在表示雙方都無法修改成功。於是，兩個操作方 o_1 和 o_2

各自持有一個 S 鎖,又各自無法獲得 X 鎖,僵持在一起造成了鎖死。為了解決這種問題,引入了一種新的鎖——更新鎖。

- 更新鎖(又稱 U 鎖):某個操作方 o 對某個物件 t 加了 U 鎖後,其他操作方不能對 t 增加 U 鎖和 X 鎖,但可以增加 S 鎖。而 U 鎖可以被升級為 X 鎖。因此,U 鎖是一種能轉化為 X 鎖的 S 鎖。這樣,當操作方需要先讀後寫時,需要給被操作物件增加 U 鎖。U 鎖表明操作方獲得了 S 鎖,也預定了 X 鎖。透過 U 鎖的引入,避免了鎖死。

在使用悲觀鎖時,需要在滿足需求的前提下,選擇對被操作物件的共用性影響最小的類型。即只要滿足要求,能用 S 鎖就不要用 U 鎖;能用 U 鎖就不要用 X 鎖。從而最大限度地保證被操作物件的併發性能。

在資料庫中,悲觀鎖由資料庫自身提供,並基於悲觀鎖實現了交易。通常開發者只需要直接使用交易即可,而不需要接觸底層的悲觀鎖。

資料庫在使用悲觀鎖時,悲觀鎖的作用範圍主要分為兩種。

- 行鎖:給整個行(記錄)的資料加鎖。只要資料庫能判斷出具體操作的記錄的行,則只會對目標行加鎖。舉例來說,在 id 為表主鍵的情況下,UPDATE ... WHERE id = 1 只會對 id 滿足條件的一筆記錄加鎖。

- 頁鎖:介於行鎖和表鎖之間,它會鎖定相鄰的幾行記錄。

- 表鎖:給整個表的資料加鎖。當資料庫無法判斷出具體操作的記錄的行時,則會對整個表加鎖。舉例來說,在 name 不是主鍵的情況下,UPDATE ... WHERE name =' 易哥 ' 需要對整個表的記錄加鎖。

不同的資料庫引擎對鎖的範圍的支援不同,有些資料庫引擎只支援表鎖。因此,這也是資料庫引擎的選項依據之一。

6.6 鎖死

鎖的很多設計是為了避免鎖死而做的，因此我們有必要了解一下鎖死。這裡介紹的鎖死概念是通用的，不僅可以應用在資料庫設計中，還可以應用在軟體邏輯設計等方面。

所謂鎖死，就是多個操作方因為競爭資源而互相等待造成的無外界參與則無法破解的僵局。舉例來說，某個寶箱一共有兩把鑰匙，且同時使用兩把鑰匙才可以打開。A、B 兩人各收集了一把鑰匙而絕不讓出。那兩個人永遠不會打開寶箱。這種僵局就是鎖死。顯然，樂觀鎖不會形成鎖死，因為樂觀鎖是「利他」的，根本不會佔有鑰匙。

鎖死的產生需要四個必要條件，這四個條件必須同時出現才會導致鎖死，如下所示。

- 互斥條件：所爭奪的資源具有排他性。舉例來說，在該範例中，鑰匙具有排他性，每把鑰匙只能掌握在一人手中。

- 不剝奪條件：某個操作方獲得資源後，其他操作方不能強制剝奪資源。舉例來說，在該範例中，每個人都不能搶奪對方手中的鑰匙。

- 請求和保持條件：操作方已經掌握了至少一個資源後，又請求新的資源。舉例來說，在該範例中，每個人都持有一把鑰匙不放手，而又請求另一把鑰匙。

- 迴圈等待條件：存在資源的等待鏈，鏈中每一個操作方已獲得的資源同時被鏈中下一個操作方請求，並組成了環。舉例來說，在該範例中，A 手中的鑰匙被 B 請求，B 手中的鑰匙被 A 請求，組成了一個環。

只要打破四個必要條件中的任何一個條件便可以避免鎖死。

- 打破互斥條件：如果一個資源能被多個操作方共用，便打破了互斥條件。但一般情況下，鎖死發生在寫入操作時，X 鎖表示資源是很難共用的。

- 打破請求和保持條件：避免一個操作方在持有資源的情況下，繼續申請其他資源。有多種實現方法，如下所示。
  - 要求操作方每次只能持有一個資源，要想申請下一個資源則必須先釋放已有的資源。也就是說，允許「請求」但是不允許「保持」。
  - 要求操作方每次申請操作所需要的全部資源，而不能在獲得了資源之後再申請資源。也就是說，允許「保持」但是不允許「請求」。

- 打破不可先佔條件：只要允許資源的爭搶便可以打破這一點，方法有很多，如下所示。
  - 要求操作方在進一步請求資源時，如果失敗則要放棄已擁有的所有資源。這其實就是將資源主動讓給了其他操作方。
  - 要求操作方在進一步請求資源時，如果失敗則可以擁有資源的一方競爭該資源（隨機數比較或操作方優先順序比較等）。這其實就定義了資源的搶奪機制。

- 打破迴圈等待條件：只要確保對資源的依賴不要成環即可。因此，可以對資源進行排序，操作方只能按照資源順序獲取資源，這就保證了資源的依賴不會成環。

基於以上的鎖死打破策略還產生了許多鎖死預防演算法，如銀行家演算法。銀行家演算法會在資源設定前計算如果同意分配某個資源會不會引發鎖死，只有不會引發鎖死時才會進行資源的分配。

在鎖死發生後，還可以透過鎖死檢測來發現鎖死，然後採用強制資源剝奪方法來實現鎖死解除。

本節介紹的鎖死概念具有極廣的適用性，而非侷限於資料庫中。在高性能系統中，高併發使得資源競爭十分常見，因此可能會在很多地方出現鎖死。

如果一個軟體發生鎖死，將對軟體的性能造成極大影響。因此，軟體開發、測試中一定要格外注意，防止鎖死的產生，並在鎖死發生時儘快定位和解除鎖死。

程式發生鎖死時，定位鎖死點通常並不困難，應為鎖死點處的程式是靜止的。在資料庫中，我們可以透過查看鎖死記錄檔的方式來定位鎖死點；在程式中，我們可以透過分析執行緒 DUMP 檔案來定位鎖死。然後可以根據實際情況修改程式碼，打破四個必要條件中的來避免鎖死的發生。

6.7 交易

交易是一組操作的結合，這組操作不是全部成功，就是全部失敗，不存在中間狀態。或更清晰的，我們可以透過交易的四大特性來更清晰的定義交易。交易的四大特性如下所示。

- 原子性（Atomicity）：指交易中的操作是一個整體，這些操作不是全部完成，就是全部不完成。不允許出現部分完成的情況。
- 一致性（Consistency）：指交易的執行不會破壞資料庫的完整性約束。這裡的完整性約束包括資料關係的完整性和業務邏輯的完整性。

- 隔離性（Isolation）：指當多個交易平行發生時，相互之間完全隔離互不干擾。
- 持久性（Durability）：指一個交易一旦被提交了，交易中的操作就不會再遺失。

但是交易的出現會降低系統的併發，因此適當地使用交易對提升系統性能十分關鍵。在這一節，我們詳細介紹交易，尤其是交易對併發性能的影響。

6.7.1 交易併發導致的問題

交易的四個特性中，有幾個特性在資料庫中並不難實現。對於原子性，只要增加、刪除、修改、尋找等操作支持回復則可以實現；對於一致性，可以由交易的執行邏輯保證；對於持久性，資料庫本身持久化功能便支援。最難以處理的特性是隔離性。

交易的隔離性要求交易之間不會互相干擾。多個交易之間要想不存在干擾，則必須串列進行，串列執行交易將極大地降低資料庫的併發性。

顯然，只要取消交易的隔離性便會帶來資料庫性能的極大提升。但是取消交易間的隔離也會導致很多交易的併發問題，我們先分析下這些問題，然後再探討如何在併發性能和這些問題之間取得一個平衡。

1. 中途讀取

中途讀取是指一個交易讀取了另一個交易尚未提交的資料。

如圖 6.16 所示，交易 1 寫入了記錄 r，尚未提交時便被交易 2 讀取，之後交易 1 又回復了交易。則此時就發生了中途讀取，交易 2 讀取到了一筆交易 1 尚未提交的資料。

圖 6.16 中途讀取範例

2. 不可重複讀取

不可重複讀取是指一個交易多次讀取同一個資料，卻獲得了不同的結果。這是因為在多次讀取的時間間隔中，另一個交易修改了資料並進行了提交。

如圖 6.17 所示，交易 1 兩次讀取記錄 r 卻得到不同的結果。因為在兩次讀取期間，交易 2 修改了記錄 r。

圖 6.17 不可重複讀取範例

3. 虛設項目讀取

虛設項目讀取是指交易不獨立即時執行發生的現象。如圖 6.18 所示，交易 1 刪除表中的所有記錄，然後提交，但是提交完成後卻發現表中還會有記錄。這是因為交易 2 在交易 1 操作後、提交之前在表中插入了一筆記錄。最後讀取到的記錄影是幻覺引發的，明明記錄都刪除了，怎麼還會存在呢！

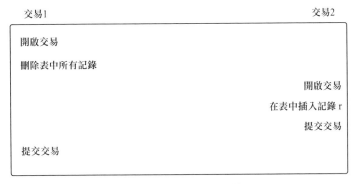

圖 6.18　虛設項目讀取範例

不可重複讀取和虛設項目讀取比較容易混淆，都是前後兩次讀取的結果不一致。但實際兩者差別很大。其區別在於，不可重複讀取是由其他交易修改、刪除目標記錄引發，透過鎖定目標記錄可以避免；而虛設項目讀取是由其他交易插入新記錄引發，要想避免虛設項目讀取只能鎖定整張表。因此，不可重複讀取是針對已有記錄的，是記錄層面的，而虛設項目讀取是表層面的。

6.7.2　交易隔離等級

透過上一節可知，交易隔離是必要的。而實現交易隔離也很簡單，只要在交易操作前給受影響的記錄加鎖，直到交易結束再釋放鎖即可。

舉例來説，直接給被操作記錄增加 X 鎖，則可以直接阻止其他操作方再增加 S 鎖和 U 鎖，確保外界不能讀寫被操作記錄，直接實現了交易的序列化。然而，這會帶來巨大的併發性能損耗。

因此，我們需要再做出一些取捨，在事物之間增加一些隔離，但也容忍一些交易併發問題。這就引入了交易隔離等級的概念。

交易隔離等級不是解決隔離性和交易併發問題之間的矛盾，而只是在兩者之前取得一個平衡，如圖 6.19 所示。交易隔離有很多等級，越高的隔離等級則越能減少交易併發問題，但會損失資料庫併發性能；越低的隔離等級越能提升資料庫併發性能，但會引發更多的交易併發問題。

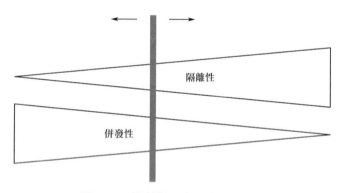

圖 6.19 隔離性與併發性的矛盾

可見，選擇合適的交易隔離等級對於提升系統的併發性十分重要。下面我們介紹常用的資料庫隔離等級。

1. 讀取未提交

讀取未提交又稱為一級封鎖協定。該隔離等級會在交易更新某資料前為其增加 S 鎖，直到交易結束時釋放。這樣，多個交易可以都透過各自的 S 鎖來讀寫同一記錄，從而可能出現中途讀取、不可重複讀取、虛設項目讀取。

2. 讀取已提交

讀取已提交又稱為二級封鎖協定。該隔離等級會在更新某資料前為其增加 X 鎖，直到交易結束，避免了其他交易讀取到未提交的資料，即防止了中途讀取。該隔離等級會在讀取某資料前為其增加 S 鎖，讀取完畢立即釋放。

該隔離等級避免了中途讀取，但是不能避免不可重複讀取、虛設項目讀取。

3. 可重複讀取

可重複讀取又稱為三級封鎖協定。該隔離等級會在更新某資料前為其增加 X 鎖，直到交易結束，避免了其他交易讀取到未提交的資料，即防止了中途讀取。該隔離等級會在讀取資料前為其增加 S 鎖，直到交易結束，避免了其他交易修改該資料，從而避免了不可重複讀取。

該隔離等級能夠避免中途讀取、不可重複讀取，但是不能避免虛設項目讀取。

4. 序列化

序列化又稱為四級封鎖協定。該隔離等級會在更新某資料前為整個表增加 X 鎖，直到交易結束，避免了其他交易讀取到未提交的資料，即防止了中途讀取。該隔離等級會在讀取資料前為整個表增加 S 鎖，直到交易結束，避免了其他交易修改該表，從而避免了不可重複讀取。由於鎖是增加在表上的，交易執行期間其他交易無法插入新的資料，因此避免了虛設項目讀取。

該隔離等級是最進階隔離等級，實現了交易的序列化，能避免中途讀取、不可重複讀取和虛設項目讀取。

5. 隔離等級複習

下面列出了各個交易隔離等級和交易併發問題之間的關係。

隔離等級	中途讀取	不可重複讀	虛設項目讀取
讀未提交	可能	可能	可能
讀已提交	不可能	可能	可能
可重複讀	不可能	不可能	可能
序列化	不可能	不可能	不可能

在實際專案設計中，我們應該根據業務需求選擇隔離等級。在系統性能和系統列出結果的準確性之間取得一個平衡。

6.7.3 自建交易

交易這一概念最早來自資料庫操作，因此交易通常也是特指資料庫交易。其他更高的軟體層級可以基於資料庫完成一些交易操作，舉例來說，Spring 中的交易管理設定，實際最終便是透過資料庫交易完成的。

在軟體系統中，有一些操作總是無法封裝為交易，以下面的操作序列為例：

■ 向某應用發送請求。
■ 向某使用者發送郵件。

則上述兩個操作無法被封裝為交易。我們對此進行一下分析。

交易的原子性要求所有操作必須同成功或同失敗，而交易中的操作畢竟有先後順序，這就要求先進行的操作能在後面操作失敗時回復。然而，因為上述兩個操作均是無法回復的：發出去的請求無法取消；發出去的郵件也無法收回。

當然，這只是一種通常的情況。在某些特殊場景下，如在金融系統中可以透過複雜的沖正操作來取消已經發出的請求，某些郵件系統也支援系統內郵件的撤回。但以上兩者都需要龐大系統的支撐，這通常是不滿足的。

了解了這些以後，我們可以自建一些近似實現交易的操作。舉例來說，存在下面的三個操作：

① 生成請求內容。
② 在資料庫記錄請求內容。
③ 向某應用發送請求，並攜帶請求內容。

則可以封裝成一個近似的交易。

■ 第①步操作無論成功或失敗，都不會給交易外部造成任何影響。如果成功則繼續下一步；如果失敗，則停止操作，相當於整個交易執行失敗並回復。

■ 第②步操作預先記錄內容。如果成功，則繼續下一步；如果失敗，則回復本步操作，相當於整個交易執行失敗並回復。

■ 第③步操作對外發送請求。如果成功則標示整個交易完成；如果失敗則回復第②步操作，相當於整個交易執行失敗並回復。

這裡說的近似交易是說如果第③步執行中，請求發出成功但是請求的接收方處理請求失敗，則該交易復原也無法收回第③步發出的請求。

這一請求可能會對網路或請求接收方等外界環境產生一定影響，導致外界環境和交易執行前不一致。因此，交易執行前和交易復原後可能對外界產生影響，這只是一種近似的交易。

同樣是上面的三步操作，修改成以下的次序後，則無法再組成交易：

① 生成請求內容。
② 向某應用發送請求，並攜帶請求內容。
③ 在資料庫記錄請求內容。

這是因為如果第③步資料庫記錄操作失敗，第②步發出的請求卻已經無法回復，可見資料庫交易是許多更高層級交易的基礎。

在這裡我們也可以複習出自建交易的技巧，即在交易中首先執行不會對外界造成影響的操作、可以完全回復的操作，最後再執行不可回復的操作。並且，不會對外界造成影響的操作、可以完全回復的操作在一個交易中可以存在多個，但不可回復的操作卻只能存在一個。

6.8 巨量資料的最佳化

很多情況下，一個資料表在剛建立時的回應時間是滿足要求的，但是隨著時間的演進，表中的資料越來越多，其響應時間也越來越長。這是因為隨著資料量的增多，資料檔案和索引檔案都會變大。從而使得增加、刪除、修改、尋找操作所需的檢索、移動等工作量增加。最終引發資料庫回應時間的增加。

因此，必須在資料庫的資料量增加到瓶頸時，進行一些最佳化工作，提升資料庫的讀寫性能。在經常需要查詢的欄位上建立索引，便是一個快捷且有效的方法。但除此之外，還有一些可行的方法，我們將在這一節一一介紹。

本節介紹的方法的實現難度和影響範圍也依次增大。因此，在使用時，建議按照小節順序逐步疊加採用。即先採用表分區策略，然後再疊加分庫分表策略，最後再疊加讀寫分離策略。

6.8.1 表分區

資料庫中表的概念大家都不陌生，它是一個邏輯概念，代表了結構相同的一組記錄。

在資料庫中，每個資料表也對應了一組儲存檔案。具體來說，每個表對應的儲存檔案數目和檔案類型因資料庫種類、引擎種類等的不同而不同。舉例來說，在 MySQL 8.0 中，我們在名為 yeecode 的資料庫下建立使用 InnoDB 引擎的資料表 user、task，再建立一個使用 MEMORY 引擎的資料表 user_memory，則在 MySQL 的資料儲存區看到與 user 表、task 表對應的 IBD 檔案和與 user_memory 表對應的 SDI 檔案，如圖 6.20 所示。

task.ibd	IBD 文件	112 KB
user.ibd	IBD 文件	128 KB
user_memory_502.sdi	SDI 文件	8 KB

圖 6.20　表的儲存檔案

但是，一個表的邏輯概念也可以對應多組儲存檔案，即將一個表的內容拆分到多個儲存檔案中，這種操作就叫作表的分區。舉例來說，我們可以使用圖 6.21 所示的操作對 user 表進行分區。在該項操作中，我們使用 user 表的 id 屬性作為分區依據，使用 Hash 演算法將 user 表分到了四個區中。

```
MySQL 8.0 Command Line Client - Unicode
mysql> ALTER TABLE user PARTITION BY HASH (id) PARTITIONS 4;
Query OK, 7 rows affected (0.55 sec)
Records: 7  Duplicates: 0  Warnings: 0

mysql>
```

圖 6.21　表的分區操作

分區結束後，我們可以看到，原來的儲存檔案 user.ibd 被拆分成四個儲存檔案，並依次命名為 user#p#p0.ibd 到 user#p#p3.ibd，如圖 6.22 所示。

🗋 task.ibd	IBD 文件	112 KB
🗋 user#p#p0.ibd	IBD 文件	128 KB
🗋 user#p#p1.ibd	IBD 文件	128 KB
🗋 user#p#p2.ibd	IBD 文件	128 KB
🗋 user#p#p3.ibd	IBD 文件	128 KB
🗋 user_memory_502.sdi	SDI 文件	8 KB

圖 6.22　表分區後的儲存檔案

我們也可以直接使用如圖 6.23 所示的敘述查看各個分區中記錄的數目。

```
MySQL 8.0 Command Line Client - Unicode
mysql> SELECT partition_name, partition_expression, table_rows FROM INFORMATION_SCHEMA.partitions
    -> WHERE TABLE_SCHEMA = schema() AND TABLE_NAME = 'user';
+----------------+----------------------+------------+
| PARTITION_NAME | PARTITION_EXPRESSION | TABLE_ROWS |
+----------------+----------------------+------------+
| p0             | `id`                 |          1 |
| p1             | `id`                 |          2 |
| p2             | `id`                 |          2 |
| p3             | `id`                 |          2 |
+----------------+----------------------+------------+
4 rows in set (0.00 sec)

mysql>
```

圖 6.23　表中資料分佈的查看

📂 **備註**

注意，在初次分區結束後，p0 分區的 TABLE_ROWS 顯示是 0，與實際該分區中存在的記錄數目不一致。之後，在該分區上的資料增刪會導致 TABLE_ROWS 值在 0 值基礎上進行增減變化，直到刪除記錄引發 TABLE_ROWS 將要變為負數時，才會使得 TABLE_ROWS 根據實際記錄數目進行一次同步。如圖 6.23 所示的結果為同步結束後的結果。

作者猜測發生這種情況的原因是 TABLE_ROWS 值是在每次記錄增減時增量變化的，而只有 TABLE_ROWS 值將要變為負數時才會進行一次全分區記錄數目統計。這種策略有助減少全量統計次數，提升統計效率。

其他分區的 TABLE_ROWS 值一直是準確的。

表分區後，對外仍然表現為一個邏輯的表。但內部資料已經分散到多個區中，於是相關讀寫操作便可以透過分區規則分流到各個分區中進行，如圖 6.24 所示。

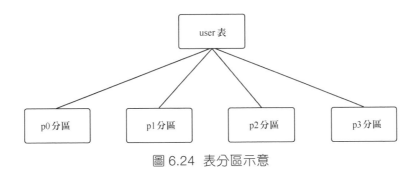

圖 6.24　表分區示意

表的分區有以下優點。

- 分區後的表仍然對外表現為一個邏輯表，這表示業務應用不需要因為資料表的分區而做變動。
- 可以將不同的分區檔案放在不同的磁碟上，從而增加了資料表儲存的記錄的數目。
- 可以將不同的分區檔案放在不同的磁碟上，從而分散讀寫操作，充分利用磁碟的讀寫性能，提升表的吞吐量。
- 可以實現分區管理，例如可以快速地刪除、備份、恢復某個區中的所有資料而不影響其他區。

因此，在資料量較大遇到併發瓶頸時，對資料量較大的表進行分區是一個極好的選擇。一般來說存在四種分區方式。

- Range 分區：對指定屬性按照區間進行分區。
- List 分區：對指定屬性按照離散集合進行分區。
- Hash 分區：對指定屬性使用雜湊函數進行分區，指定屬性可以是多個，雜湊函數可以由使用者指定。
- Key 分區：類似 Hash 分區，但是指定屬性只能是一個，雜湊函數由資料庫引擎提供。

以上是常用的分區方式，但不同儲存引擎對分區方式的支援、分區規則的限制等不盡相同。具體使用時可以參照儲存引擎進行選擇。

要想發揮表分區的威力，有幾點需要注意。

首先，在分區時要結合查詢規則，儘量保證常用查詢只會落到一個分區中。舉例來說，存在一個碩大的「學生姓名─教師姓名」連結表，假設最常見的操作是透過學生姓名尋找對應的教師姓名列表，則應該以學生姓名為依據進行分區。這樣，當輸入某個學生姓名進行查詢時，相關操作會分流到該學生姓名所處的分區上。這樣就避免了資料庫查詢多個分區後再進行合併。同理，如果最常見的操作是透過教師姓名尋找對應的學生姓名列表，則應該以教師姓名為依據進行分區。

其次，在查詢某個已經分區的表時，儘量將分區條件放到 WHERE 敘述中。舉例來說，上述「學生姓名─教師姓名」連結表基於學生姓名進行了分區，則最好在 WHERE 的限制條件中增加學生姓名。這樣，就可以直接將該查詢操作分配給某個分區，避免了對所有分區進行掃描。

可見表分區實際上就是基於平行與併發的思想對資料表的讀寫操作進行分流。很多時候，我們可以利用表分區來提升系統的性能。舉例來說，在記錄檔系統中，可以將久遠的歷史資料分配到單獨的分區上，它們很少被存取且可以被方便地刪除；人員管理系統中，可以根據人員所屬的機構進行分區，因為大多數操作都是侷限在同一個機構內的，可以交給具體的分區進行。

對表進行分區能夠在不影響業務應用的情況下提升資料表的併發性能，但是這種方法也不是萬能的。首先，一個表能進行分區的數目是有限的，通常是 1024 個；其次，表分區過多後會出現更多的跨區查詢，影響分區效果。這時候，可以使用下面的方法。

6.8.2 分庫分表

首先說明一下，分庫和分表是兩個獨立的概念。

分庫是將一個資料庫中的內容拆分到多個資料庫中。假設我們要將包含兩個資料表的某個資料庫拆分成兩個資料庫，則有兩種拆分想法：第一種想法，將一個表保留在原資料庫中，另一個表移動到新拆分出的資料庫中；第二種想法，將兩個表中的內容各拆分出一半組成兩個新表，然後將兩個新表放入新資料庫中。兩種分庫想法示意圖如圖6.25 所示。

然而第一種想法中，只是減少了資料庫中表的資料，表中資料數目沒有變化，對資料庫的性能影響不大，因此很少採用。因此，通常說的分庫就是第二種想法，在這種想法中，配合資料庫的拆分，表也進行了拆分。因此，常常直接稱第二種想法的操作為分庫分表。

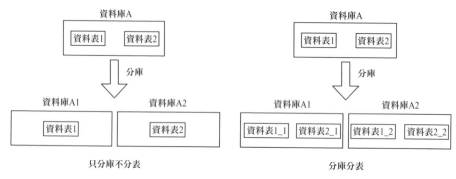

圖 6.25 兩種分庫想法

分表就是將一個資料表中的資料拆分到多個資料表中，使得每個資料表更小，便於索引檢索、全表檢索的開展。表的縮小還使得行鎖、表鎖的範圍變小，提升了資料表的併發能力。

拆分後的多個資料表可以繼續放在同一個資料庫中，也可以分散到多個資料庫中。為了提升併發，通常會採用後者。在對資料表進行拆分時，根據拆分的方式不同，可以分為兩種。

- 水平拆分：拆分出的多個表具有相同的結構，但包含不同的記錄。原表中的記錄根據一定規則被分配到拆分出的多個表中。
- 垂直拆分：拆分出的多個表結構不同，原表中的某筆記錄被拆開後分配到拆分出的多個表中。每個表中只包含原表的部分屬性。

水平拆分和垂直拆分示意圖如圖 6.26 所示。閱讀到這裡我們也可以發現，表的分區其實就是表內部的水平拆分工作。

在選擇表的拆分方式時，有一個原則就是讓查詢操作儘量不要跨表。舉例來說，如圖 6.26 所示的資料表中，假設經常需要獲取某個使用者的全部資訊，則可以採用水平拆分；假設經常需要獲取全體使用者的基本資訊進行展示和統計，而只有在某些情況下才會獲取使用者的電子郵寄位址資訊，則可以採用垂直拆分。這樣一來，大多數查詢操作只需要在某一張表中即可完成，而不需要多表的拼接。

表的水平拆分　　　　　　　　　　　　表的垂直拆分

圖 6.26　水平拆分和垂直拆分

但是，無論水平拆分還是垂直拆分，原本的邏輯表將變為多個邏輯表。這表示業務應用需要進行額外的操作。這些操作主要包括兩大區塊。

- 路由操作：需要業務邏輯將原本指向一個資料表的讀寫入請求分散到拆分出的或多個表上。該路由操作邏輯一般和分庫分表邏輯是一樣的。
- 拼接操作：需要業務邏輯將拆分後的多個資料表列出的資料片段進行水平或垂直的拼接，以得到完整的資料。

相對於只能進行水平拆分的表分區而言，分庫分表顯然更為靈活強大，其拆分也更為徹底。但是，邏輯表的改變也需要來自業務應用完成路由操作和拼接操作，實現代價也更大。

6.8.3 讀寫分離

在第 6.5.2 節我們了解到鎖的存在對資料庫的併發性能影響極大。尤其是 X 鎖，它直接獨佔了被操作物件，完全阻止了其他操作方的讀寫操作。也就是說，讀取操作可以高併發地進行，而寫入操作則是串列的。這時我們會想能不能將讀取操作和寫入操作分割開來，以保證讀取操作可以不受寫入操作的限制，一直併發進行。讀寫分離就是基於這種想法產生的。

了解了讀寫分離的基本想法之後，可以發現讀寫分離對於頻繁讀而少量寫入的系統的併發性能有顯著提升。對於這種系統，主要併發壓力在讀取操作上，讀寫分離之後，讀取操作可以不被 X 鎖阻隔而一直併發進行。對於頻繁寫而少量讀的系統，讀寫分離的提升效果就比較有限。

一個資料庫顯然無法實現讀寫分離，因此讀寫分離需要多個資料庫的支援。一般有一個資料庫負責接收寫入操作，這個資料庫叫作主資料庫；有一個或多個資料庫負責接收讀取操作，這些資料庫叫作從資料庫。要想實現讀寫分離，有以下兩個問題需要解決。

- 路由操作：根據讀取操作（SELECT）和寫入操作（ADD、UPDATE、DELETE、創建修改表）的不同將原本指向一個資料庫的操作請求分流到從資料庫和主資料庫上。
- 主從複製操作：將主資料庫上的寫入操作同步到從資料庫上，從而確保從資料庫內容和主資料庫內容一致。

讀寫分離的資料庫系統如圖 6.27 所示。

其中路由操作是相對簡單的，在業務應用設定多資料來源、使用專門的路由中介軟體，甚至使用 MyBatis 中的外掛程式都可以將讀寫入請求分離開來。而主從複製操作則相比較較複雜,因此我們著重介紹。

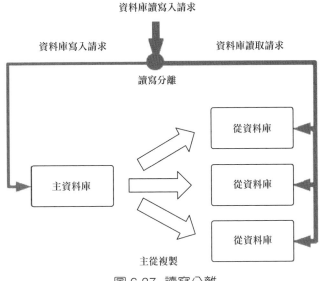

圖 6.27 讀寫分離

📖 拓展閱讀

在第 11 章中,為了根據租戶的不同,進行資料來源的動態切換,我們封裝了一個動態資料來源切換工具 DynamicDataSource 並在 GitHub 上開放原始碼,位址:https://github.com/yeecode/DynamicDataSource。基於該專案便可以實現資料庫讀寫分離的路由操作。其實現十分簡單,感興趣的讀者可以透過開原始程式碼了解其細節。

---

1. 主從複製的實現方案

主從複製是指將主要資料庫中的變動同步到從資料庫中的過程。在這個過程中要避免對從資料的寫入操作,否則會導致從資料庫上出現 X 鎖,失去了讀寫分離的意義。

既不能夠在從資料庫上進行寫入操作，又要將主要資料庫的內容同步到從資料庫，最常用的方案是基於資料庫操作記錄檔實現的。以 MySQL 資料庫為例，整個實現過程如下所示。

① 主要資料庫開啟記錄檔記錄功能，將寫入操作記錄到 BinLog 記錄檔中。

② BinLog 被傳送到從資料庫中，寫入從資料庫的 RelayLog。

③ 從資料庫解析 RelayLog，在從資料庫上重現主要資料庫上的寫入操作。

整個過程如圖 6.28 所示。

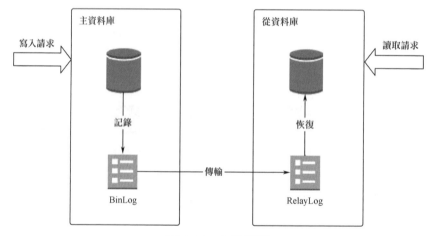

圖 6.28　主從複製

在進行記錄檔記錄、傳輸、解析的過程中，存在三種模式。

■ STATEMENT 模式：記錄檔中儲存的是動作陳述式，恢復的也是動作陳述式。這種模式下的記錄檔可讀性好，但是如果出現包含 NOW() 函數的插入，則會因為主從機器的敘述執行時間差而導致資料不一致。

- ROW 模式：記錄檔中儲存的是主要資料庫中的記錄。這種模式下的記錄檔執行效率高，也不會因為時間戳記的不同而導致資料不一致。但是這種模式的記錄檔可讀性差。
- MIXED 模式：記錄檔中儲存的是動作陳述式和記錄的混合，資料庫引擎會主要寫入動作陳述式，必要時寫入記錄變動。

為了保證記錄檔的準確性和可讀性，一般推薦使用 MIXED 模式。

上述的資料庫主從複製工作，不僅可以應用在讀寫分離上，也可以應用在資料庫備份等場合。

2. 主從複製的延遲問題

主要資料庫接收到寫入請求並變更記錄後，新的記錄需要經過記錄檔的寫入、傳輸、解析後才會反映到從資料庫上，因此從資料庫上的內容和主要資料庫不是即時一致的，存在一個時間延遲。這可能會導致操作方寫入某資料後不能立即讀到最新的值，如圖 6.29 所示。

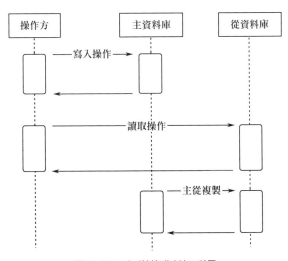

圖 6.29 主從複製的延遲

考慮到主從複製的延遲，有以下幾種主從複製方式。

■ 非同步複製：寫入請求寫入主要資料庫後立刻返回，主要資料庫中的變動同步到從資料庫上是全非同步的操作。在這種方式下，能減少主從複製對主要資料庫中寫入請求的影響，保證寫入請求儘快返回。但是，卻可能導致寫入的資料無法及時讀出，並且當主要資料庫突然損壞時可能導致資料遺失。

■ 半同步複製：寫入請求寫入主要資料庫並等待該操作的記錄檔至少被傳送到一個從資料庫的 RelayLog 時才返回。這種方式下，主要資料庫的寫入操作受到主從複製的影響。使用這種方式時，只要寫入操作返回，即使主要資料庫損壞也不會造成資料遺失。因為至少有一個從資料庫上存有該寫入操作的記錄檔。這種方式也可能出現寫入的資料無法及時讀出的問題。

■ 全同步複製：寫入請求寫入主要資料庫並等待該操作被更新到所有從資料庫時才返回。這種方式下，主要資料庫的寫入操作受到主從複製的影響很大。但是該操作能確保主要資料庫資料不遺失，也能避免寫入資料後無法及時讀出的問題。

可見寫入操作的快速返回和主從同步複製之間存在互相限制的矛盾，以上三種方式就是在矛盾雙方之間進行取捨。在實際生產中，我們還可以引入中介軟體來解決上述矛盾。

寫入操作時，資料寫入主要資料庫的同時在中介軟體中保留一份被操作記錄的鍵。在讀取操作時，中介軟體判斷要讀取的記錄是否有尚未同步到從資料庫的變動。如果不存在尚未同步的變動，則將讀取操作分配給從資料庫，否則將該讀取操作分配給主要資料庫。透過中介軟體的路由操作，將部分請求轉給主要資料庫，保證了寫入後的資料可以被及時讀出。

這裡的困難在於中介軟體如何判斷某個變動是否已經被同步到從資料庫，可以在從資料庫上安裝外掛程式實現，也可以直接採用時間估計實現，即認為經過某個時間設定值後，某個變動一定同步到從資料庫。

6.9 非傳統資料庫

資料庫是用來儲存資料的倉庫。在儲存資料的過程中，為了便於資料的管理，需要對資料進行組織，而關係就是組織資料的一種形式。在關係這種形式下，資料被拆分成屬性、記錄等部分，然後被存放到資料表、資料庫中。採用關係來組織資料的資料庫就是關聯式資料庫，這也是傳統的資料庫。

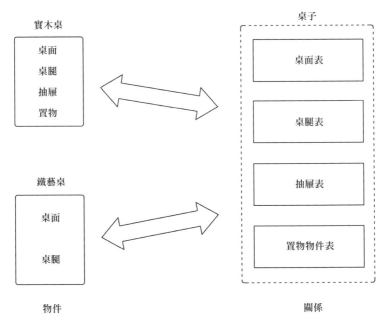

圖 6.30 物件和關係的轉化過程

但是關聯式資料庫在有些場景下會表現出很多問題。舉例來說,一個包含多個屬性的物件在存入關聯式資料庫時,需要將各個屬性拆分開來放到不同的表中,如圖 6.30 所示。

於是,原本一個完整獨立高內聚的物件(桌子)的讀寫卻要涉及多個表,而每個表(如桌腿表)中存放的卻是屬於不同物件的關係很弱的屬性(除了都叫桌腿,鐵藝桌的桌腿和實木桌的桌腿之間確實沒有太大關係)。這與現實生活是相悖的,在現實生活中,物件(桌子)總是和它的屬性(桌面、桌腿等)一起出現,而非多個物件的屬性成組出現(在加工廠中,可能出現大量桌腿聚集的情況,但是那時桌子還沒被組裝起來,不在我們的討論範圍內。並且,鐵藝桌和實木桌也不一定來自同一家傢俱廠)。在這種情況下,對高內聚的物件單獨讀寫才是更合適的,然而關聯式資料庫並不支持這一點。

Esther Dyson 的一段話,可以極佳地描述上述的物件導向程式設計和關聯式資料庫之間的矛盾:「利用表格儲存物件,就像是將汽車開回家,然後拆成零件放進車庫裡,早晨再把汽車裝配起來。」

圖 6.30 列出的範例只是展現關聯式資料庫侷限型的一種表現,關聯式資料庫的局限性還表現在許多其他方面。為了彌補關聯式資料庫的不足,產生了許多非關聯式資料庫。非關聯式資料庫通常被稱為 NoSQL(Not Only SQL 的意思)資料庫。

資料庫不僅可以像 NoSQL 一樣在資料的組織形式上打破傳統,還可以在資料的儲存方式等方面打破傳統。在特定的場景下使用這些非傳統資料庫替代傳統資料庫能顯著提升系統的性能。

接下來我們對這些非傳統資料庫介紹。

6.9.1 記憶體中資料庫

作為儲存資料的倉庫，資料庫一般會將自身儲存的資料持久化以防止遺失。然而我們也知道，持久化操作會涉及磁碟讀取等 IO 操作，這給資料庫的讀寫性能帶來了瓶頸。

記憶體中資料庫將資料儲存在記憶體中，完全或部分放棄了對資料的持久化，以換取更高的讀寫性能。完全放棄持久化是指數據只存放在記憶體中，斷電後直接遺失資料；部分放棄持久化是指數據存放在記憶體中，但每隔一段時間會進行一次寫入資料庫操作，斷電後會遺失尚未寫入資料庫的資料。

記憶體中資料庫的這種特性使得它非常適合作為快取使用，以應對高併發讀寫的場景。常用的記憶體中資料庫有 Redis、Memcached、FastDB 等。

6.9.2 列儲存資料庫

在傳統資料庫中，資料是以記錄為單位進行存放的。這表示，我們可以很方便地查詢某筆記錄的幾個或多個屬性，因為這是一個水平的查詢操作。但是，當我們要查詢所有記錄的某個屬性時，這時便成了豎向的查詢操作，此時資料庫需要遍歷所有記錄後才能列出結果。

在一些場景下，如以統計為主的場景，我們經常要檢索所有記錄的某個屬性，而很少檢索一個記錄的多個屬性，此時傳統資料庫便不是很合適。為了解決這種需求，出現了列儲存資料庫。

列儲存資料庫會將記錄的同一屬性存放在一起，便於以屬性為條件進行檢索。常見的列儲存資料庫有 HBase、Cassandra 等。

6.9.3 物件導向資料庫

物件導向資料庫是一種以物件的形式進行資料儲存的資料庫，它能夠與物件導向程式設計更融洽地對接。基於它就可以解決我們在章節開始時討論的物件導向和關聯式資料庫之間的矛盾。

物件導向資料庫引入了類別、物件、繼承等概念，向資料庫中讀寫物件時不再需要物件與關係的轉化過程。甚至表的聯集查詢都是沒有必要的，因為可以在一個物件中透過指標跳躍到相關物件。這些特性對物件導向程式設計十分友善，十分適合用在物件創建銷毀頻繁、物件屬性多變的場景中。常見的物件導向資料庫有 Db4o、ObjectDB、ObjectStore 等。

6.9.4 文件資料庫

關聯式資料庫要求將被存入的資料拆分為屬性，但是有很多資料並不方便拆分出多個屬性。例如一段文章，文章內容總是整體出現，它們只需要作為一個長字串存入即可。這種沒有拆分成屬性的資料常被稱為非結構化資料。

關聯式資料庫並不適合存取這些冗長的非結構化資料，而文件資料庫則是專門為這些非結構化資料準備的。在文件資料庫中，可以存取字串、數字、XML、JSON 等許多形式的數值。常用的文件資料庫有 MongoDB、CouchDB 等。

6.9.5 圖資料庫

圖是經常使用的一種資料結構，如在一些社交管理、關係管理的場景下經常被使用。如果使用關聯式資料庫儲存圖，則一般將圖拆分成點和邊分別存入不同的表中。但這種儲存方式割裂了圖的關係，不便於完成圖中遍歷等操作。而圖資料庫專門為儲存圖而設計，對圖中各種關係操作十分友善。常用的圖資料庫有 Neo4J、OrientDB 等。

6.10 資料庫中介軟體

當我們使用單一資料庫時，資料庫的功能是完備的。但當我們要使用叢集等方式提升資料庫的性能時就會發現，僅依靠資料庫本身是不夠的，還需要在資料庫外完成主從同步、讀寫分離、主備切換、分庫分表、多資料庫連接、分散式交易等許多功能，為了實現這些功能，誕生了許多資料庫中介軟體。

資料庫中介軟體的種類很多，如 Cobar、TDDL、Vitess 等，而其中使用最廣泛的莫過於 MyCat。接下來我們以 MyCat 為例，對資料庫中介軟體的功能介紹。

MyCat 解決的最主要的問題是分庫分表的問題 [8]，作為一個中介軟體 MyCat 可以連接分佈在不同機器上的多個資料庫，但對業務應用表現為一個資料庫，如圖 6.31 所示。

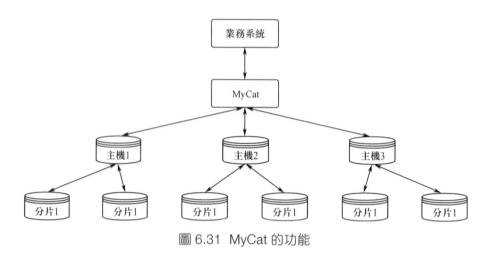

圖 6.31 MyCat 的功能

基於 MyCat，分佈在不同機器上的資料片可以被整合起來，對外曝露成一個資料庫。這樣業務應用可以像對待一個資料庫一樣對待 MyCat，而由 MyCat 負責完成設計分庫分表的路由和資料整合問題。

除了支持分庫分表，MyCat 還對讀寫分離、高可用叢集、分散式交易進行了支援 [8]。另外，MyCat 不僅支援 MySQL 資料庫，還支援 SQL Server、Oracle、DB2 等資料庫，甚至包括 MongoDB 等非典類型資料庫。

在進行資料庫設計時，可以借助 MyCat 等資料庫中介軟體完成資料庫叢集等的架設工作。這能幫助我們取得事半功倍的效果。

快取設計

在第 2 章～第 4 章我們介紹了許多提升系統性能的方案，這些方案的想法可以分為兩種：一種是分流，減少每個系統處理的使用者請求數；另一種是併發，提升系統處理使用者請求的能力。此外，還有一種提升系統性能的想法，那就是導流——將原本觸發複雜操作的請求啟動到簡單操作上。

快取就是導流想法的運用。某個原本需要複雜的操作才能得出結果的請求，可以導流到快取中，然後經過簡單的快取查詢便可以得出結果。快取也是一個用空間換時間的策略，犧牲了一些空間，用於儲存已經得出過的結果，在之後遇到同樣的請求時，及時返回節省了時間。

在這一章，我們將詳細了解如何使用快取來提升系統的性能。在介紹的過程中，我們將先介紹最常見的讀取快取，並在第 7.7 節介紹寫入快取。

7.1 快取的收益

我們常説的快取是讀取快取，它存在於呼叫方和資料提供方之間，用來快取資料提供方列出的資料。快取的引入會帶來一些收益，也會增加一些成本。我們這裡所説的收益、成本主要是針對時間維度，畢竟大多場景下是引入快取的目的就是減少系統回應時間。

快取引入後，在每次進行請求時，需要先計算請求的鍵以便在快取中進行檢索，假設計算請求鍵所需的時間為 $T_{createKey}$ ，從快取中檢索出某個鍵的時間為 $T_{findKey}$ 。根據鍵檢索到值後，還需要對值進行反序列化等轉化，假設該時間為 $T_{parseValue}$ 。則在命中快取的情況下，從查詢到獲得結果物件需要的總時間為：

$$T_{createKey} + T_{findKey} + T_{parseValue}$$

事實上，並不是所有的查詢都會命中快取。假設快取命中率為 p，未命中快取的原查詢時間為 $T_{original}$ 。則引入快取後，獲得結果物件所花費的時間期望值為：

$$T_{createKey} + T_{findKey} + p \times T_{parseValue} + (1-p) \times T_{original}$$

可見引入快取後，無論快取是否命中，都會新增加 $T_{createKey}$ 和 $T_{findKey}$ 兩個額外時間。

此外，快取的寫入也會消耗時間，而且快取模組也會增加整個系統的複雜度，帶來開發維護上的挑戰。因此，只有當引入快取後的查詢時間遠小於原查詢時間時，快取的引入才是有益的。即必須滿足下列不等式：

$$T_{\text{createKey}} + T_{\text{findKey}} + p \times T_{\text{parseValue}} + (1-p) \times T_{\text{original}} \ll T_{\text{original}}$$

上述不等式中右側減去左側的差值就是快取模組的收益。快取模組要確保上述不等式的左側盡可能小。上式中，T_{original} 值是確定的，為了盡可能降低不等式左側的值，可以採取的方法有：

- 減小 $T_{\text{createKey}}$，即減小快取鍵的生成時間。
- 減小 T_{findKey}，即減小快取鍵的檢索時間。
- 減小 $T_{\text{parseValue}}$，即減小快取中內容的轉換時間。
- 增大 p，即提升快取的命中率。

經過對快取收益的分析我們也能知道，快取應該應用在以下場景中：

- 讀多寫少的場景。因為快取的存在能加快讀取操作，但是會給寫入操作帶來額外的工作。讀多寫少的場景更能使得快取揚長避短。
- 原查詢時間較長的場景。原查詢時間越長，則引入快取後能夠節省的時間也就越多。這樣更能發揮快取的價值。

以上就是我們在設計和使用快取模組時的參考依據。

7.2 快取的鍵與值

快取中儲存的資料通常由兩部分組成：一是用來標識快取的鍵，二是鍵對應的值。在這一節中，我們要對快取的這兩部分進行分析。

7.2.1 快取的鍵

快取的鍵是尋找快取中資料的依據,這就要求快取的鍵必須是和值一一對應的。否則可能會導致快設定值的覆蓋,這可能直接引發資訊的洩露,甚至系統的崩潰。

通常可以使用快設定值的雜湊結果作為快取的鍵。只要所選的雜湊演算法得當,可以使得出現鍵碰撞(兩個值對應著同一個鍵)的機率極低,在大多數場景下可以忽略不計。但仍有一些系統,主要是併發數極高的系統,會採取一些更為嚴格的方法避免鍵碰撞的發生。因為在極高的併發數下,小機率事件也很有可能發生。

快取鍵的另一個要求是快速,這裡的快速是指具有盡可能小的生成時間 $T_{createKey}$ 和檢索時間 $T_{findKey}$。其中,檢索時間 $T_{findKey}$ 主要與快取的物理位置(記憶體中還是硬碟中)和資料結構(Map 還是 List 等)相關,與鍵相關的部分其實是比較時間 $T_{compareKey}$,即比較兩個鍵是否相等所需要的時間。

於是我們可以複習出快取鍵的設計中需要考慮的三個因素。

- 無碰撞:必須要保證兩個不同的資料對應的鍵不同,否則會引發命中錯誤快取,導致嚴重的錯誤。
- 高效生成:指定一個資料後,需要用極小的代價生成對應的鍵。
- 高效比較:指定兩個快取鍵後,需要高效率地比較出兩者是否完全一致。

其中,無碰撞代表的準確性和高效生成、高效比較代表的效率這兩者是矛盾的。為了提升準確性必然犧牲效率,為了提升效率則必然會犧牲準確性。快取鍵的設計需要在這兩者之間進行平衡。**MyBatis** 原始程式中列出了一種值得借鏡的設計方案。

MyBatis 作為一個出色的 ORM 框架，為資料庫查詢提供了兩級快取。
MyBatis 並沒有使用數值、字串等簡單類型作為鍵，也沒有使用資料的
雜湊結果作為鍵，而是設計一個 CacheKey 類別。這種鍵的設計在準確
度和效率之間獲得了很好的平衡。我們可以借鏡其實現想法。

CacheKey 中最主要的部分是類別的屬性、update 方法和 equals 方法。
其中類別的屬性以下面程式所示。

```
// 乘數，用來計算hashcode時使用
private final int multiplier;
// 雜湊值，整個CacheKey的雜湊值。如果兩個CacheKey該值不同，則兩個CacheKey
一定不同
private int hashcode;
// 求和驗證值，整個CacheKey的求和驗證值。如果兩個CacheKey該值不同，則兩個
CacheKey
// 一定不同
private long checksum;
// 更新次數，整個CacheKey的更新次數
private int count;
// 更新歷史
private List<Object> updateList;
```

CacheKey 中有一個 update 方法，該方法就是用來生成 CacheKey 的
方法，只是這個生成過程不是一個瞬間的過程而是一個持續的過程：
只要有新的資訊（查詢操作的編號、參數、翻頁限制等）產生就透過
update 方法寫入到 CacheKey 中。update 方法的原始程式如下所示。

```
/**
 * 更新CacheKey
 * @param object 此次更新的參數
 */
public void update(Object object) {
```

```
int baseHashCode = object == null ? 1 : ArrayUtil.hashCode(object);

count++;
checksum += baseHashCode;
baseHashCode *= count;

hashcode = multiplier * hashcode + baseHashCode;

updateList.add(object);
}
```

可見每一次 update 操作都會引發 count、checksum、hashcode 值的變化，這三個資訊都可以作為這次查詢操作的摘要資訊。同時，每次 update 操作傳入的參數還會被放入 updateList，這個資訊便是這次查詢操作的詳細資訊。

下面程式便展示了如何基於 update 方法創建 CacheKey。透過下面程式可見，與這次查詢相關的所有細節資訊（查詢操作的編號、參數、翻頁限制等）都透過 update 方法寫入到了 CacheKey 物件中。

```
/**
 * 生成查詢的快取的鍵
 * @param ms 映射敘述物件
 * @param parameterObject 參數物件
 * @param rowBounds 翻頁限制
 * @param boundSql 解析結束後的SQL敘述
 * @return 生成的鍵值
 */
@Override
public CacheKey createCacheKey(MappedStatement ms, Object parameterObject,
RowBounds rowBounds, BoundSql boundSql) {
    if (closed) {
```

```
      throw new ExecutorException("Executor was closed.");
    }
    // 創建CacheKey，並將所有查詢參數依次更新寫入
  CacheKey cacheKey = new CacheKey();
  cacheKey.update(ms.getId());
  cacheKey.update(rowBounds.getOffset());
  cacheKey.update(rowBounds.getLimit());
  cacheKey.update(boundSql.getSql());
  List<ParameterMapping> parameterMappings = boundSql.getParameterMappings();
  TypeHandlerRegistry typeHandlerRegistry = ms.getConfiguration().
getTypeHandlerRegistry();
  // mimic DefaultParameterHandler logic
  for (ParameterMapping parameterMapping : parameterMappings) {
    if (parameterMapping.getMode() != ParameterMode.OUT) {
      Object value;
      String propertyName = parameterMapping.getProperty();
      if (boundSql.hasAdditionalParameter(propertyName)) {
        value = boundSql.getAdditionalParameter(propertyName);
      } else if (parameterObject == null) {
        value = null;
      } else if (typeHandlerRegistry.hasTypeHandler(parameterObject.
getClass())) {
        value = parameterObject;
      } else {
        MetaObject metaObject = configuration.newMetaObject(parameterObject);
        value = metaObject.getValue(propertyName);
      }
      cacheKey.update(value);
    }
  }
  if (configuration.getEnvironment() != null) {
    // issue #176
    cacheKey.update(configuration.getEnvironment().getId());
```

```
    }
    return cacheKey;
}
```

然後我們比較兩個 CacheKey 是否相等的 equals 方法，以下面程式所示。

```
/**
 * 比較當前物件和導入參數物件（通常也是CacheKey物件）是否相等
 * @param object 導入參數物件
 * @return 是否相等
 */
public boolean equals(Object object) {
  // 如果位址一樣，是一個物件，肯定相等
  if (this == object) {
    return true;
  }
  // 如果導入參數不是CacheKey物件，肯定不相等
  if (!(object instanceof CacheKey)) {
    return false;
  }
  final CacheKey cacheKey = (CacheKey) object;
  // 依次透過hashcode、checksum、count判斷。必須完全一致才相等
  if (hashcode != cacheKey.hashcode) {
    return false;
  }
  if (checksum != cacheKey.checksum) {
    return false;
  }
  if (count != cacheKey.count) {
    return false;
  }
```

```
  // 詳細比較變更歷史中的每次變更
  for (int i = 0; i < updateList.size(); i++) {
    Object thisObject = updateList.get(i);
    Object thatObject = cacheKey.updateList.get(i);
    if (!ArrayUtil.equals(thisObject, thatObject)) {
      return false;
    }
  }
  return true;
}
```

在 equals 方法中，先比較了 count、checksum、hashcode 這三個摘要資訊，只要這三個摘要資訊不同，則兩個 CacheKey 物件一定不同。只要三個摘要資訊相同，則兩個 CacheKey 物件極大機率相同。但是，MyBatis 為了提升準確度還依次比較了 updateList 中儲存的每個細節資訊，確保萬無一失。

可見 MyBatis 中的 CacheKey 設計使用了逐步退讓的方法，在準確性和高效之間獲得了平衡。先用最短的時間使用摘要資訊進行判斷，只有在判斷透過的情況下，才會逐步花費更多的時間進行詳細驗證。

在設計快取的鍵時，我們可以參考 MyBatis 中 CacheKey 的設計想法。

> **📖 拓展閱讀**
>
> 閱讀優秀原始程式是提升軟體從業者視野和技術水準的極佳方法。透過閱讀原始程式，你能找到自己系統與優秀系統的差距，能發現和補足自己的知識缺陷。當然，閱讀原始程式也是一項需要耐心和技巧的工作。為了幫助大家進行原始程式閱讀，作者編寫並出版了《拉近和大神之間的差距：從閱讀 MyBatis 原始程式碼開始》一書。

在書中，作者對 MyBatis 專案原始程式中各個套件、類別、方法所涉的基礎知識、實現原理、架構技巧、組織脈絡等都進行了詳細分析，並以此為基礎複習了原始程式閱讀的通用方法和技巧。《拉近和大神之間的差距：從閱讀 MyBatis 原始程式碼開始》是一本不錯的原始程式閱讀指導書，也是一本 MyBatis 原始程式的詳解書。

7.2.2 快取的值

快取中的值就是需要透過快取進行儲存的資料，可以分為兩大類：序列化資料和物件資料。

值為序列化資料是指在將物件寫入快取之前，先將物件進行序列化處理，最終寫入快取的實際是物件的序列化串。在讀取快取資料時，需要對讀取到的序列化串進行反序列化處理，才能得到寫入前的物件本身。

在快取中儲存序列化資料的方式十分通用，畢竟絕大多數的快取系統都支援二進位資料或文字資料的儲存。但儲存序列化資料需要在儲存時進行序列化操作，在讀取時進行反序列化操作，這兩步操作的引入會帶來一些額外的運算資源和時間的佔用。

如果快取支援對象儲存，可以直接將物件作為值存入快取中。舉例來說，我們可以直接在記憶體中創建一個 Map 作為快取，然後直接往快取中寫入物件。這時，快取中資料的讀寫不需要經過序列化和反序列化過程，更為高效。

在使用快取儲存物件資料時，一個容易忽略的問題是重複引用問題。如圖 7.1 所示，快取中以物件的形式儲存了一些資料，當呼叫方 A 讀取到快取中的物件 2 時，實際是獲得了物件 2 的引用。此時如果呼叫方 A 修改了物件 2 的屬性，便污染了快取。之後呼叫方 B 在讀取快取中的物件 2 時，引用的是已經修改後的物件 2。

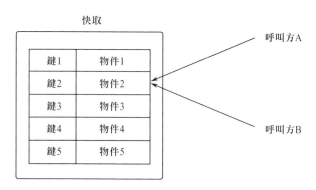

圖 7.1　快取中物件資料的重複引用

仍舊以 MyBatis 作為例子，如果 MyBatis 的快取中存入的是物件。那麼操作方 A 從資料庫中檢索出某個物件 o，此時物件 o 就被操作方 A 和快取同時引用了。這時，操作方 A 對物件 o 進行了修改，使之變為 o'。則操作方 B 使用同樣的查詢準則查詢資料庫時，會命中快取，從而拿到物件 o'。而事實上，資料庫中儲存的仍然是物件 o。這就引發了錯誤。

一般來説我們不想讓污染快取的情況發生。如果要解決該問題，可以在快取中儲存序列化資料，因為序列化串每次反序列化得到的總是一個新物件。

在 MyBatis 中，允許使用者設定某個快取中的值是唯讀的還是讀取取寫入的（透過 Mapper 檔案中 cache 節點下的 readOnly 設定項目）。如果是快取中的值是唯讀的，則 MyBatis 會將物件作為值寫入快取中，這種情況下不需要序列化和反序列化，更為高效。如果快取中的值是讀取取寫入的，則 MyBatis 會將物件的序列化結果寫入快取中，並在讀取快取時反序列化出一個新的物件，這樣避免了對快取中結果的污染。

7.3 快取的更新機制

快取不是資料的提供方，它只是處在需求方和提供方之間的暫存方。而資料的正確值由提供方決定，而非由快取決定。這就需要快取根據提供方資料的變化進行更新，這種機制被稱為快取的更新機制。

快取的更新機制可以分為時效性更新和主動更新兩種，在這一節中，我們將對這兩種快取機制介紹。當然，在實際使用中，我們也可以將這兩種機制結合使用。

7.3.1 時效性更新機制

時效性更新是一種被動的更新機制，它放棄了快取中資料和提供方資料的即時一致性，轉而保證最終一致性。這種機制假設快取中的資料在一定時間內是有效的，無論提供方的資料在這段時間內如何變動。這種假設大大地降低了快取設計的複雜度。

在往時效性快取中寫入資料後，快取會保存該資料一段時間。在這段時間內，所有對該資料的讀取操作由快取提供，所有對該資料的寫入操作則直接寫給資料提供方。直到資料到達故障時間後，從快取中清除。快取中的值被清除後的下一次查詢會真正從資料提供方查詢，而這次查詢的結果會在快取中保存一份直到再次故障。

時效性更新機制可能引發讀寫不一致，圖 7.2 展示了這一過程。在我們將 value 的值更新為 B 之後，因為快取中儲存的 value=A 尚未故障，則操作方讀取到的仍舊是 value=A。

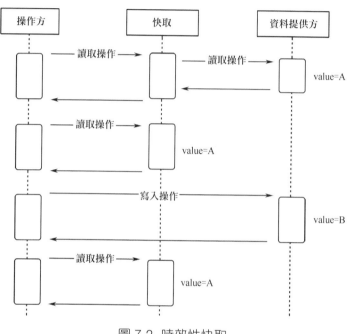

圖 7.2 時效性快取

時效性快取的實現非常簡單，如下所示。

- 讀取資料時，只要快取中存在指定資料，則透過快取讀取；快取中不存在，則透過資料提供方讀取，並將讀取到的資料在快取中保存一份。
- 寫入資料時，直接操作資料提供方。
- 快取中的每筆資料都有過期時間，到達過期時間後，該筆資料則被快取清除。

時效性快取雖然不能保證快取中資料與提供方資料的即時一致，但因為其實現簡單高效，在對即時性要求不高的場景下獲得了廣泛應用。舉例來說，在商品搶購活動中，需要顯示已售出商品的數目。這個資料並不要求即時一致，可以存在一定的延遲。這時可以使用時效性快取來保存該資料。

7.3.2 主動更新機制

還有很多場景下，需要確保快取中的資料和提供方中的資料即時一致，這時就要用到主動更新快取。主動更新快取的具體實施上存在不同的變種，也各自具有其優點和缺點。

接下來，我們將介紹主動更新快取的幾種實現形式。

1. Cache Aside 機制

這種機制非常簡單，其具體的讀寫策略如下所示。

- 讀取操作：操作方先從快取查詢資料，如果資料存在，則直接讀取快取中的資料；如果資料不存在，則從資料提供方讀取資料，並在快取中記錄一份。
- 寫入操作：先更新資料提供方的資料，在更新結束後，讓快取中的對應資料故障。

這裡容易犯的錯誤就是在進行寫入操作時先刪除快取再更新資料提供方。這種錯誤可能會導致快取中的資料與資料提供方中的資料不一致。

如圖 7.3 所示，操作方 B 先刪除了 value 對應的快取，然後開始修改資料提供方中的資料，將 value 的值從 A 修改為 B。在修改操作完成之

前，操作方 A 展開了一次資料查詢操作，因為此時快取中不存在 value
資料，因此先從資料提供方處讀取到 value 值為 A，然後將該連線寫入
了快取中。於是在之後查詢中，資料提供方中 value 值為 B，但是快取
中 value 依然是舊值 A。

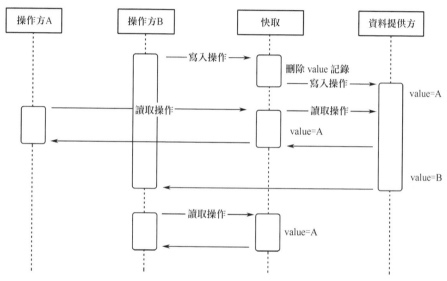

圖 7.3　先刪除快取再更新提供方時引發的快取錯誤

當然，先更新資料提供方，再刪除快取的方式也可能出現錯誤。如圖
7.4 所示，操作方 A 讀取 value 值時，發現快取中無此資料，於是去
資料提供方讀取資料。此時，操作方 B 把 value 值從 A 修改為 B，並
在修改完成後，刪除快取中的 value（快取中本來就無 value 記錄）。
之後，操作方 A 的去讀取操作才結束，且讀取到的 value 值為 A，並
將 value=A 的資料寫入快取。最終，資料提供方中 value=B，而快取中
value=A。

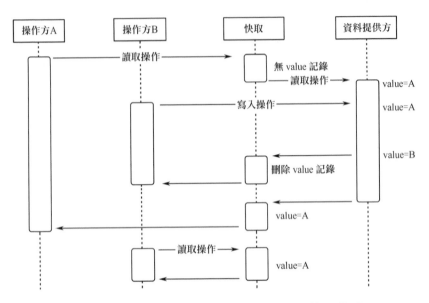

圖 7.4 先更新提供方再刪除快取時引發的快取錯誤

然而,圖 7.4 所示的這種錯誤的發生機率是很低的。因為它要求以下四個條件同時滿足:①讀取操作時快取中無數據;②讀取操作進行的同時存在一個寫入操作;③讀取操作在資料提供方中的持續時長大於寫入操作;④在讀寫操作併發時讀取操作讀取到的是舊值。因為讀取操作往往要比寫入操作快很多,所以上述四筆同時滿足的機率是極低的。因此,我們一般會選用先更新資料提供方的資料,再刪除快取資料的策略。

Cache Aside 機制是一種簡單有效的快取更新機制,應用非常廣泛。

2. Read/Write Through 機制

在 Cache Aside 機制中,無論先修改資料提供方還是先刪除快取,都可能會出現快取不一致的錯誤,雖然機率極低。要想徹底避免快取不一致的出現也很簡單即進行寫入操作時，直接將結果寫入快取，而由快取再同步寫入資料提供方。等寫入資料提供方操作結束後，寫入操作才被返回。

這就演化成了 Read/Write Through 機制。

在 Read/Write Through 機制下，呼叫方只需要和快取打交道，而不需要關心快取後方的資料提供方。而由快取來保證自身資料和資料提供方的一致性。

如圖 7.5 所示，在讀取操作中，由快取直接返回結果；在寫入操作中，呼叫方寫入快取，再由快取同步寫入資料提供方。

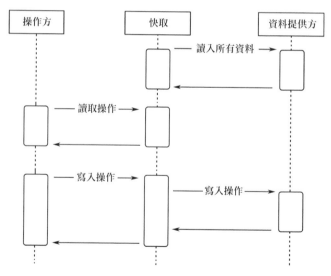

圖 7.5　Read/Write Through 機制

在 Cache Aside 機制中，資料寫入快取的操作是由呼叫方的查詢操作觸發的，而在 Read/Write Through 機制中，則需要快取自身完成將所有資料從資料提供方讀取快取的過程。

另外，在 Cache Aside 機制中，快取只是一個輔助的存在，即使快取不工作，呼叫方也可以透過資料提供方完成所有的讀寫操作。而在 Read/Write Through 機制中，快取直接對呼叫方隱藏了資料提供方，這就表示快取系統不可或缺，要求其工作十分可靠。

3. Write Behind 機制

在 Read/Write Through 機制中，進行資料寫入操作時會將快取中的資料同步寫入資料提供方，這會導致寫入操作比較緩慢。而 Write Behind 機制則在此基礎上進一步升級，即讓寫入快取的資料非同步寫入資料提供方。

Write Behind 機制提升了寫入操作的回應速度，但是也引入了一個問題：如果快取在非同步寫入某筆更新前崩潰，則這筆更新會遺失。這是同步操作轉非同步作業帶來的代價。

7.4　快取的清理機制

我們已經討論過，提升快取的命中率便可以提升快取的收益。在不考慮外界約束的情況下，提升快取命中率的方法非常簡單──增大快取空間。

快取命中率和快取空間存在如圖 7.6 所示的關係，只要快取空間足夠大，則快取命中率便可以提升到 100%，即將所有的資料都放置到快取中。

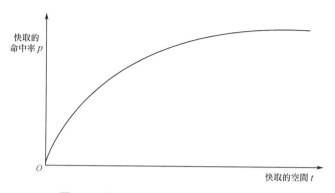

圖 7.6 快取命中率和快取空間的關係

然而，受到物理條件、經濟條件的限制，快取系統的空間往往很有限，這就需要設計一套機制來讓這有限的快取空間發揮最大的作用。這種機制就是快取清理機制。

在清理快取的過程中，最理想的策略是清理在未來一段時間內不被存取的資料，而保留未來一段時間內會被頻繁存取的資料，這樣可以最大限度地減少對命中率 p 的影響。然而這種假設太過理想，畢竟一筆資料在未來一段時間內被存取的次數是多少是難以預知的。

完全理想的假設無法實現，於是提出了很多近似的假設，最有名的一筆便是：如果一筆資料最近被存取，則它很有可能在接下來被存取。而在實際生產中，可能還會對這一筆策略進行進一步的簡化，變成：如果一筆資料最近被寫入快取，則它很有可能在接下來被存取。

在上述思想的指導下，產生了很多快取清理機制。這些機制有的簡潔，但離理想假設很遠；有的更接近理想，實現也更複雜。大家在學習下面的清理機制時，可以對應它們採用了上述哪種假設。

我們將快取清理機制複習成了三種：時效式清理、數目設定值式清理、非強引用式清理。接下來我們對這三種清理策略分別介紹。

7.4.1 時效式清理

時效式清理是一種最為簡單的清理機制，它要求快取中的每筆資料都有一個存活時間。當資料超過存活時間時，則會被清理，為其他更新的資料讓渡空間。

細分起來，時效式清理又有很多具體的實現方式。

- 自動時效式清理：在往快取中寫入資料時，同時寫入該資料的存活期限。當資料到達存活期限時，會被快取系統自動刪除。這種機制需要快取系統的支援，例如 Redis、Cookie 等都支援這種機制。

- 輪詢時效式清理：在往快取中寫入資料時，可以同時寫入該資料的存活期限。另外部儲存在一個執行緒以一定頻率掃描快取中的所有資料，當發現某筆資料超過其存活期限時則將其清理。對於一些不支援自動時效式清理的系統，可以透過這種方式來實現時效式清理。事實上許多支援主動時效式清理的快取系統其內部也是這樣實現的。

時效式清理機制和時效性更新機制是一樣的，只要為快取中的資料設定存活時間就同時滿足了這兩點。因此，時效式清理機制和時效性更新機制簡單好用。

時效式清理限定了資料的存活時間，卻無法限定快取的空間大小。當短時間內出現密集查詢時，快取的空間會急劇增大。如果需要限制快取的空間，則需要配合其他方式一同使用。

7.4.2 數目設定值式清理

數目設定值式清理可以透過限制資料的數目來間接限制快取空間的大小。在限定資料數目的基礎上，再配合限定快取中值的大小，便可以達到限制快取空間大小的目的。

數目設定值式清理機制的關鍵點在於當快取中資料數目達到限定值時，採用何種策略找出需要清理的資料。最常用的策略有兩種：FIFO（先進先出）策略和 LRU（近期最少使用）策略。

1. FIFO

在這種策略中，當快取中的資料達到上限時，優先清理最先寫入快取中的資料。這時，快取空間就像是一個定長的佇列，新的資料不斷地從佇列首寫入，而舊的資料不斷地在佇列尾刪除。

這種策略的實現也非常簡單，我們只需要使用一個定長的佇列來儲存快取中的資料，然後在佇列滿時，從佇列尾刪除對應的資料即可。

2. LRU

關於快取有一個指導規律：如果快取中的一筆資料在近期被存取，則它很有可能在接下來還被存取；如果快取中一筆資料許久沒有被存取，則它很有可能在接下來依舊不被存取。這就表示在快取清理時，要儘量清理長久未存取的資料，而保護最近被存取過的資料。LRU 可以實現這一點。

LRU 採用的假設更接近理想假設，而 LRU 的實現也比 FIFO 稍微複雜一些。

在實現上，可以使用支援排序的樹或鏈結串列來保存快取資料，並在每次存取某個資料時，將資料至於樹或鏈結串列的頭部。然後在快取滿時從樹或鏈結串列的尾部刪除資料即可。

3. 開發實踐

使用 Java 進行開發的讀者應該知道，在 Java 中 LinkedHashMap 是實現 FIFO 快取和 LRU 快取的極佳基礎類別。它具有以下特點。

- 作為一個 Map，它可以直接儲存鍵值對的結構。
- LinkedHashMap 是有序的，而其順序可以選擇插入順序和存取順序。
  - 如果選擇按插入順序排序，則可以實現 FIFO 快取。
  - 如果選擇按存取順序排序，則可以實現 LRU 快取。
- LinkedHashMap 中 有 一 個 removeEldestEntry 方 法，該 方 法 在 在 LinkedHashMap 物件中增加元素時呼叫。透過重新定義這個方法，我們可以方便地進行 LinkedHashMap 物件中元素數量的判斷，並根據判斷結果展開尾部元素的刪除操作。

> **📁 備註**
>
> LinkedHashMap 類 別 存 在 構 造 方 法 public LinkedHashMap(int initial Capacity, float loadFactor, boolean accessOrder)。該構造方法的第三個導入參數 accessOrder 便是排序規則的設定參數。accessOrder=true 表示創建的 LinkedHashMap 物件中的元素按照存取順序由最近到最遠排序；accessOrder=false 表示創建的 LinkedHashMap 物件中的元素按照插入順序由最近到最遠排序。

為了給大家直觀的展示，我們介紹 MyBatis 中 LRU 功能的原始程式。在 MyBatis 中，提供 LRU 功能的是一個裝飾器類別 LruCache，而真正的快取也就是被裝飾類別為 Cache 類別。LruCache 裝飾器類別的屬性以下面程式所示。

```
// 被裝飾物件，即真正的快取
private final Cache delegate;
// 使用LinkedHashMap保存的快取資料的鍵。透過這裡來實現LRU功能
private Map<Object, Object> keyMap;
// 最近最少使用的資料的鍵
private Object eldestKey;
```

在使用 LruCache 裝飾器類別時，需要在其構造方法中傳入真正的快取類別 Cache 類別，與此同時，其構造方法也會將整個快取的資料數目上限設定為 1024。LruCache 裝飾器類別的構造方法以下面程式所示。

```
/**
 * LruCache構造方法
 * @param delegate 被裝飾物件
 */
public LruCache(Cache delegate) {
    this.delegate = delegate;
    setSize(1024);
}
```

setSize 方法以下面程式所示。在 setSize 方法中，設定了 LinkedHashMap 物件（對應 keyMap 變數）的容量大小，並且對 LinkedHashMap 物件的 removeEldestEntry 方法進行了重新定義。需要注意的是，removeEldest Entry 方法並沒有將超出設定值的資料直接刪除，而是將它們的鍵記錄到了 eldestKey 屬性中，交由其他方法刪除。

```
/**
 * 設定快取空間大小
 * @param size 快取空間大小
```

```
*/
public void setSize(final int size) {
    keyMap = new LinkedHashMap<Object, Object>(size, .75F, true) {
      private static final long serialVersionUID = 4267176411845948333L;


      /**
       * 每次向LinkedHashMap放入資料時觸發
       * @param eldest 最久未被存取的資料
       * @return 最久未被存取的元素是否應該被刪除
       */
      @Override
      protected boolean removeEldestEntry(Map.Entry<Object, Object> eldest) {
        boolean tooBig = size() > size;
        if (tooBig) {
          eldestKey = eldest.getKey();
        }
        return tooBig;
      }
    };
}
```

在上面程式中，LinkedHashMap 的 removeEldestEntry 方法在有新的資料加入時，判斷資料總數是否超過設定值。如果當前資料總數超過設定值，會將最久未存取的元素的鍵放入 eldestKey 屬性中。

需要注意的是，這裡的 LruCache 只是一個裝飾器，真正的快取資料保存在 Cache 類別中，因此這裡的 LinkedHashMap 只保存了資料的鍵來記錄各個鍵被存取的情況，而沒有保存值。這一點可以透過上面程式中的 keyMap.put(key, key) 操作看出，keyMap 變數的鍵和值都設為了資料的鍵。如果我們不將 LruCache 設計為裝飾器而是直接設計為快取，則可以直接在 LinkedHashMap 中保存鍵和值。

向快取中寫入元素的方法為 putObject，該方法在向 Cache 類別寫入資料的同時，也將資料的鍵透過 cycleKeyList 方法寫入了 LruCache 裝飾器的 LinkedHashMap 中。putObject 方法以下面程式所示。

```
/**
 * 向快取中寫入一筆資訊
 * @param key 資訊的鍵
 * @param value 資訊的值
 */
@Override
public void putObject(Object key, Object value) {
    // 真正的查詢操作
    delegate.putObject(key, value);
    // 向keyMap中也放入該鍵，並根據空間情況決定是否要刪除最久未存取的資料
    cycleKeyList(key);
}
```

而 cycleKeyList 還會判斷當前快取資料數目是否超過設定的設定值，如果超過的話，會直接將超出的資料（它們的鍵已經透過 LinkedHashMap 的 removeEldestEntry 方法放入了 eldestKey 屬性中）刪除。cycleKeyList 方法以下面程式所示。

```
/**
 * 向keyMap中存入當前的鍵，並刪除最久未被存取的資料
 * @param key 當前的鍵
 */
private void cycleKeyList(Object key) {
    keyMap.put(key, key);
    if (eldestKey != null) {
        delegate.removeObject(eldestKey);
        eldestKey = null;
    }
}
```

當然，我們在每次命中快取時，需要呼叫 LinkedHashMap 的 get 方法，以便於 LinkedHashMap 對所有的鍵按照 LRU 原則進行重新排序。LruCache 的快取讀取方法以下面程式所示。

```
/**
 * 從快取中讀取一筆資訊
 * @param key 資訊的鍵
 * @return 資訊的值
 */
@Override
public Object getObject(Object key) {
    // 觸及一下當前被存取的鍵，表明它被存取了
    keyMap.get(key);
    // 真正的查詢操作
    return delegate.getObject(key);
}
```

這樣，一個 LRU 快取裝飾器便完成了。在專案開發和設計時我們可以參考該方案，而且可以經過極少的變動直接將該裝飾器修改為真正的快取，也可以經過極少的變動將其修改為 FIFO 快取。

> **📖 拓展閱讀**
>
> 對於 MyBatis 中快取機制的實現原始程式細節，可以參考《拉近和大神之間的差距：從閱讀 MyBatis 原始程式碼開始》。

7.4.3 非強引用式清理

數目設定值式清理策略配合限定資料大小便可以限定快取佔用的空間大小。然而，這對快取而言並不是一種最好的策略。

我們說過，快取是一種用空間換時間的輔助模組。一種更優的快取策略應該是這樣的：如果整個系統的空間很充足，則快取可以佔據更大的空間，以節省更多的時間；如果整個系統的空間緊張，則快取應該減少空間的佔用，將空間讓渡給更為核心的模組。在這種情況下，快取空間是彈性的，快取會盡可能地佔用空間以提升效率，但又不會造成負面影響。

這種理想化的策略確實是可以實現的，那就是非強引用式清理。

了解非強引用式清理的關鍵在於了解非強引用。我們以 Java 為例逐步介紹相關內容。

在 Java 程式的運行過程中，JVM 會自動地幫我們進行垃圾回收操作，以避免無用的物件佔用記憶體空間。這個過程主要分為兩步：

- 找出所有的垃圾物件。
- 清理找出的垃圾物件。

我們這裡特別注意第一步，即如何找出垃圾物件。其關鍵在於如何判斷一個物件是否為垃圾物件。

判斷一個物件是否為垃圾物件的方法主要有引用計數法和可達性分析法，JVM 採用的是可達性分析法。

可達性分析是指 JVM 會從垃圾回收的根物件（Garbage Collection Root，GC Root）為起點，沿著物件之間的引用關係不斷遍歷。最終能夠遍歷到的物件都是有用的物件，而遍歷結束後也無法遍歷到的應用便是垃圾物件。

根物件不止一個，例如堆疊中引用的物件、方法區中的靜態成員等都是常見的根物件。

我們舉一個例子。如果圖 7.7 中的物件 c 不再引用物件 d，則透過 GC Root 便無法到達物件 d 和物件 f，那麼物件 d 和 f 便成了垃圾物件。

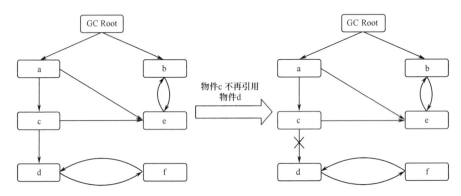

圖 7.7　可達性分析法範例

有一點要說明，在圖 7.7 中我們只繪製了一個 GC Root，實際在 JVM 中有多個 GC Root。當一個物件無法透過任何一個 GC Root 遍歷到時，它才是垃圾物件。

不過圖 7.7 展示的這種引用關係是有局限性的，在這種機制下，一個物件不是被標定為有用物件，就是被標定為垃圾物件。有用的物件可以繼續佔用空間，而垃圾物件則會釋放佔用的空間，無法實現彈性的空間分配。

試想存在一個非必需的大物件，我們希望系統在記憶體不緊張時可以保留它，而在記憶體緊張時釋放它，為更重要的物件讓渡記憶體空間。這時應該怎麼做呢？

Java 已經考慮到了這種情況，Java 的引用中並不是只有「引用」、「不引用」這兩種情況，而是有四種情況。

■ 強引用（StrongReference）：我們平時所說的引用。只要一個物件能夠被 GC Root 強引用到，那麼它就不是垃圾物件。當記憶體不足時，JVM 會拋出 OutOfMemoryError 錯誤，而非清除被強引用的物件。

■ 軟引用（SoftReference）：如果一個物件只能被 GC Root 軟引用到，則說明它是非必需的。當記憶體空間不足時，JVM 會回收該物件。

■ 弱引用（WeakReference）：如果一個物件只能被 GC Root 弱引用到，則說明它是多餘的。JVM 只要發現它，不管記憶體空間是否充足都會回收該物件。與軟引用相比，弱引用的引用強度更低，被弱引用的物件存在時間相對更短。

■ 虛引用（PhantomReference）：如果一個物件只能被 GC Root 虛引用到，則和無法被 GC Root 引用到時一樣。因此，就垃圾回收過程而言，虛引用就像不存在一樣，並不會決定物件的生命週期。虛引用主要用來追蹤物件被垃圾回收器回收的活動。

下面程式列出了強引用、軟引用和弱引用的範例。

```
// 透過等號直接建立的引用都是強引用
User user = new User();

// 透過SoftReference建立的引用是軟引用
SoftReference<User> softRefUser =new SoftReference<>(new User());

// 透過WeakReference建立的引用是弱引用
WeakReference<User> weakRefUser = new WeakReference<>(new User());
```

> 📁 **備註**
>
> 在創建軟引用或弱引用時,還可以指定一個 ReferenceQueue。這樣,
> 當 SoftReference 或 WeakReference 中的值被回收時,SoftReference 或
> WeakReference 物件本身會被放入 ReferenceQueue 中。這樣,透過存
> 取 ReferenceQueue,我們便可以知道哪些值已經被回收。

了解了 Java 中的非強引用後,便可以基於軟引用或弱引用來實現具有
非強引用式清理功能的快取。舉例來説,我們可以把快取設定成下面
程式所示的結構。

```
LinkedHashMap<Object, SoftReference<Object>>
```

LinkedHashMap 的鍵中存放快取的鍵,LinkedHashMap 值中存放經過
SoftReference 或 WeakReference 包裝的快設定值。這樣,當空間充足
時,我們可以讀取到軟引用或弱引用的快設定值;而在空間緊張時,
快設定值所佔據的空間會被回收,這時我們便需要透過資料提供方讀
取資料,並再次更新到快取中。

7.4.4 清理策略使用實踐

在使用時,我們可以將多種策略混合起來使用,而不需要只拘泥於一
種策略。

舉例來説,我們可以採用時效式加數目設定值式的清理策略。這樣能
夠保證每個快取資料存活一段時間後便被銷毀,從而需要再次寫入,
實現了和資料提供方的同步。也保證了整個快取的數目不會超過設定
值,防止短時間內密集查詢導致的快取空間急劇增大。

也可以採用 LRU 加非強引用式的清理策略。將最近存取過的快取記錄使用強引用保存，保證這些資料是一定存在的；而對於最近未存取過的記錄使用弱引用或軟引用保存，這些資料將由系統的記憶體情況決定是否存在。這樣，我們便盡可能地利用空間來提升快取的命中率，同時也不會因為佔用過多空間影響其他模組的運行。

在以上所述的時效式清理、數目設定值式清理、非強引用式清理三種清理機制中，不建議單獨使用非強引用式清理。因為這種清理機制下，快取的存活與否是完全不可控的。建議非強引用式清理與其他清理機制聯合使用，作為其他清理機制的補充。

在架構設計中，根據具體使用場景設計快取模組的清理策略，將能夠明顯地提升快取的命中率，進而提升整個系統的性能。

7.5 快取的風險點

快取在工作過程中也會引入一些風險點，這些風險點可能會引發系統壓力的上升。我們有必要對這些風險點進行了解，並在實踐中採取對應的措施避免風險的發生。

7.5.1 快取穿透

快取中存放的是資料提供方列出的資料。如果資料提供方也不存在某個資料呢？

上述問題所述的場景會引發下面的流程：呼叫方存取快取獲取某個資料，未檢索到，於是呼叫方透過資料提供方獲取資料。資料提供方也沒有查詢到對應的資料，於是直接返回給呼叫方，其整個過程如圖 7.8 所示。

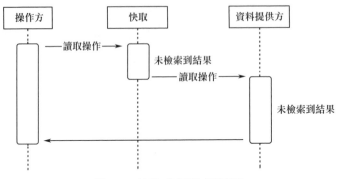

圖 7.8 快取穿透整個過程

那當呼叫方再次請求上述資料時，則還要經過上述流程。如果呼叫方對上述資料的請求頻率非常高，則頻繁地呼叫資料提供方檢索資料，會對系統造成壓力。整個過程中，快取無能為力。

只要意識到這個風險點，便可以很簡單地解決它：在資料提供方列出空值時，將空值結果也在快取中保存一份即可。也就是說將空值結果完全當作一個普通結果對待即可。這樣，在下一次查詢同樣的資料時，快取可以直接返回空值結果，避免了對資料提供方的請求。

7.5.2 快取雪崩

快取雪崩是指大量快取突然故障，導致大量請求傾瀉到資料提供方上引發的資料提供方壓力驟增。

一般來說數目設定值式清理策略不會出現這樣的問題，因為在這種清理策略下，快取資料是逐一故障的，而非批次故障的。時效式清理機制和非強引用式清理機制可能會出現這種情況。

對時效式清理機制，如果我們在某個時間（舉例來說，快取資料集中初始化時）向快取中寫入大量資料，且這些資料具有相同的存活時長。當存活時長耗盡時，這些資料會同時故障。此時，大量的請求便會傾瀉到資料提供方上。而解決這一問題的辦法也很簡單，只要我們在設定故障時間時加上一定的隨機值即可，例如快取資料的存活時長設為「固定時間長度＋隨機時間長度」的形式。這樣，快取便不會集中故障。

對於非強引用式清理機制，如果某個時間的記憶體空間突然緊張，則會使得快取中的大量資料被回收而故障。這樣，大量的請求便交由資料提供方處理。單獨的非強引用式清理機制無法解決這一問題，因此需要非強引用式清理機制配合其他清理策略使用。例如配合 LRU 策略，對最近常存取的資料建立強引用，對最近不常用的資料建立非強引用。這樣，如果記憶體空間突然緊張，僅造成最近不常用資料被清理，而不會導致更為重要的最近常存取資料被清理。這樣，便避免了快取雪崩的發生。

7.5.3 快取擊穿

快取擊穿是指快取中存在一個被高頻率存取的資料，如果該資料突然故障，則大量的存取會被傾斜到資料提供方上。

我們已經多次說過，非強引用式清理中的快取資料的存活與否是完全不可控的，因此一般不建議單獨使用非強引用式清理策略。所以我們不再討論。

對於 LRU 清理策略，則顯然不會出現快取擊穿的情況。因為一個被高頻率存取的資料必然會排在快取佇列的前端，不會被清理掉。

時效式清理策略或 FIFO 清理策略可能會出現一個高頻存取的資料突然消失的情況。而如果快取採用了 Read/Write Through 或 Write Behind 的更新機制，則也不會造成快取擊穿。因為大量的針對某一特定資料的請求都會被阻塞，而只有第一個請求才會被資料提供方接處理。

可見在存在高頻率存取資料的同時，只有採用時效式清理策略或 FIFO 清理機制，且同時採用時效性快取或 Cache Aside 更新機制的時候，快取擊穿才有可能發生。因此，只要修改清理機制或更新機制中的一項，就可以避免快取擊穿。

7.5.4 快取預熱

除非是採用 Read/Write Through 或 Write Behind 這兩種快取更新機制，在快取正式工作前對快取中的資料進行預先載入，否則快取都有一個預熱的階段。在預熱階段，快取中的資料還很少，此時快取命中率也很低。隨著請求的不斷到來，快取慢慢透過資料提供方載入到比較多的資料，這時命中率才會提升到一個相對穩定的值。圖 7.9 展示了快取的預熱階段。

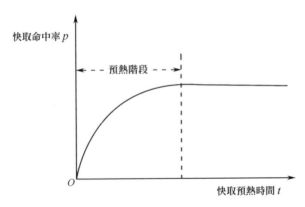

圖 7.9 快取的預熱階段

時效式清理機制還會帶來重複預熱問題。當長時間無查詢操作時，快取中的資料會逐漸過期。此時如果突然出現大量查詢，則這些查詢都會穿過快取而直接傾瀉到資料提供方上，這可能會給資料提供方帶來很大的壓力。而在查詢持續一段時間後，快取中的資料量逐漸增大，快取命中率也會提升。

在快取使用過程中，要儘量避免突然給快取連線大量的請求，以便讓快取充分預熱。在第 9 章我們會介紹相關方法。

7.6 快取的位置

快取最早出現在 CPU 和記憶體之間，用來解決 CPU 和記憶體速率不匹配的問題。而在軟體領域，快取最常出現在服務系統和資料庫之間，用來解決資料庫回應時間相對較長的問題。不過，快取的位置不侷限於此，只要能夠帶來收益，它可以出現在軟體系統的任何位置。

同一個快取所處的位置不同，帶來的收益也不同。快取的收益以下面式子所示。

$$T_{\text{value}} = p \times \left(\sum T_{\text{original}} - T_{\text{parseValue}} \right) - T_{\text{createKey}} - T_{\text{findKey}}$$

其中 $\sum T_{\text{original}}$ 為快取後方所有的模組的總查詢時間。$\sum T_{\text{original}}$ 越大，則快取的收益越大。即在一個串聯的系統中，快取出現的位置越靠前，則越能隱藏掉對後方系統的壓力，其效益也變越大。

我們可以透過一個實例來展示上述結論。舉例來說，存在如圖 7.10 所示的串聯系統，存在 A 到 E 多個模組，假設每個模組的原查詢時間

為 T_A 到 T_E。模組 A 負責發起呼叫。假設存在一個 $T_{createKey}$、$T_{findKey}$、$T_{parseValue}$ 都固定的快取。

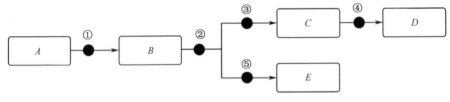

圖 7.10 串聯系統

當將快取置於位置①時,快取帶來的收益如下所示。

$$T_{value1} = \left(T_B + \max\left(T_E, T_C + T_D\right)\right)$$
$$- \left(T_{createKey} + T_{findKey} + p \times T_{parseValue} + (1-p) \times \left(T_B + \max\left(T_E, T_C + T_D\right)\right)\right)$$
$$= p \times \left(T_B + \max\left(T_E, T_C + T_D\right) - T_{parseValue}\right) - T_{createKey} - T_{findKey}$$

而當快取置於位置②時,快取帶來的收益如下所示。

$$T_{value2} = \max\left(T_E, T_C + T_D\right)$$
$$- \left(T_{createKey} + T_{findKey} + p \times T_{parseValue} + (1-p) \times \max\left(T_E, T_C + T_D\right)\right)$$
$$= p \times \left(\max\left(T_E, T_C + T_D\right) - T_{parseValue}\right) - T_{createKey} - T_{findKey}$$

顯然,T_{value1} 大於 T_{value2}。且兩者的差值如下所示。

$$T_{value1} - T_{value2} = p \times T_B$$

可見,當快取置於位置①時,收益要比快取置於位置②時更高。

因此,要想系統性能好,快取一定要趁早。

在圖 7.10 中,快取的位置都是置於兩個模組之間的。但在實際生產中,一般不會在模組之間單獨設定快取,而是將快取整數合到前置模組或後置模組中,如圖 7.11 所示。但這並不影響我們上面所做的收益計算。

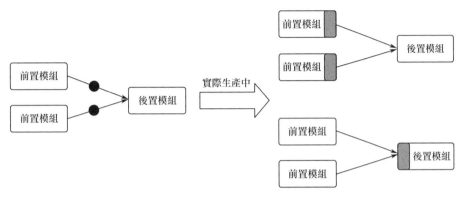

圖 7.11 快取的實際位置

當快取整數合在前置模組時,命中快取可以節省前置模組和後置模組之間的通訊時間。當快取整數合在後置模組時,一個快取模組往往可以服務多個前置模組。因此,兩種整合方式各有優劣,根據實際需求選用即可。

接下來我們將介紹可以引入快取的幾個典型位置,這幾個典型位置往往在系統中按先後順序出現。

7.6.1 用戶端快取

使用者是請求最起始的發起方,而與使用者互動的系統模組我們稱為用戶端。這裡的用戶端是統稱,它包括瀏覽器、電腦用戶端、Android用戶端、IOS 用戶端,甚至一些嵌入式系統介面。

根據我們前面討論的快取位置對收益的影響,顯然在使用者和用戶端之間增加快取是最有效的。舉例來說,使用者打開電腦準備透過系統的瀏覽器介面查詢某個資訊時，發現電腦螢幕旁用便箋紙貼著這個資訊，則使用者便不需要呼叫瀏覽器了。這個便箋其實就是使用者和用戶端之間的快取。但是，這種快取超出了系統的邊界，不在我們的討論範圍之中。

因此，通常而言用戶端是系統的最上游模組，在用戶端中增加快取能夠隱藏掉一些請求，分擔後方系統的壓力。而用戶端本身是分散部署在不同使用者的裝置上的，每個用戶端承載的併發數較小，如圖 7.12 所示。因此，在用戶端中增加快取是一種十分有效的提升系統整體性能的方式。

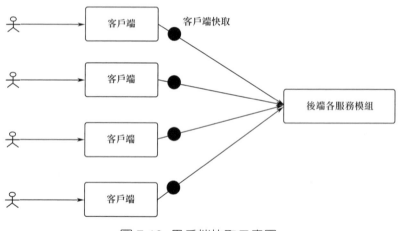

圖 7.12 用戶端快取示意圖

甚至有些時候，不僅是將快取設定在用戶端，還會將一些只與單一用戶端有關和與整體無關的操作放在用戶端中，以減輕服務端的壓力。這種架構模式叫作「笨重用戶端」模式。

最常用的用戶端是瀏覽器。我們這裡以瀏覽器為例，介紹用戶端快取的實踐。

在瀏覽器中，我們可以看到許多具有儲存功能的模組。以 Chrome 瀏覽器為例，進入偵錯模式後，便可以看到這些模組和模組中儲存的資訊，如圖 7.13 所示。

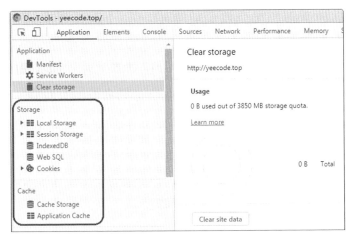

圖 7.13　瀏覽器中的儲存模組

在瀏覽器的各個儲存模組中，Cookie 最為著名。Cookie 中的資料可以設定過期時間，到達過期時間後，資料會自動故障。Cookie 中的資料支援安全模式，如果一個資料使用了安全模式，瀏覽器會在傳輸過程中對 Cookie 進行加密。要注意的是，僅對傳輸過程加密，而保存在瀏覽器的時候，Cookie 仍然是明文的。如果確實需要對 Cookie 的保存過程加密，則需要自己處理。這些特性讓 Cookie 看上去非常適合做快取，但實則不然。因為在存取特定的網址時，瀏覽器會將 Cookie 資訊帶出發送給後端，這對於快取而言是沒有必要的，會帶來不必要的網路負擔。因此，除非你確實需要使用 Cookie 會在請求中被發出這一特性，否則不要使用 Cookie 作為瀏覽器的快取。

LocalStorage 和 SessionStorage 是兩個鍵值對儲存模組，且具有相同的操作 API。它們兩者都能夠提供較巨量資料的儲存，且資料不會隨請求往後端發送，可以作為前端快取使用。LocalStorage 和 SessionStorage 也有不同，LocalStorage 中的資料可以長久保存，而 SessionStorage 中的資料會在階段結束時被銷毀。

IndexedDB 和 Web SQL 是兩個前端資料庫。IndexedDB 採用鍵值對儲存的方式，但其能夠儲存的資料更大，並且支援非同步讀寫，防止讀寫過程阻塞瀏覽器的繪製。IndexedDB 還支援交易。IndexedDB 具有同來源限制功能，每個網頁都只能存取自身域名下的資料庫。Web SQL 則是一個關聯式資料庫。

CacheStorage 可以快取請求，儲存其中的內容以請求為鍵、以回應為值。因此，時效性要求不高的請求可以直接快取在 CacheStorage 中，從而避免了同一個請求對後端的多次呼叫。

Application Cache 則可以直接快取分頁檔，這表示只要 Application Cache 存在，可以實現網頁的離線存取。只有在特定的頁面更新時再透過存取後端更新 Application Cache 即可。這種操作大大減少了後端服務的壓力。

以上各種儲存模組有的需要 HTML5 的支援，有的還需要瀏覽器支援。在實際使用時要根據具體場景選用。

我們這裡以瀏覽器為例介紹了用戶端快取，但實際上不同類型的用戶端可以使用不同的快取方式。舉例來說，在 Android 開發中，可以直接在 Android 用戶端使用附帶的微類型資料庫 SQLite 作為快取。甚至可以將 SQLite 快取作為主要的儲存媒體，只有在必要時才會連接網路存取服務以更新 SQLite 中的資訊。這樣就能保證 Android 用戶端在無網路連接時也能提供服務。

7.6.2 靜態快取

靜態快取是指後端列出的靜態資料的快取。

以一個新聞網站為例，網站首頁中的背景圖、banner 圖、影片、音樂等就是靜態資料。這些資訊可以直接快取起來，在使用者請求時直接返回，而非每次請求時透過業務應用查詢。

然而，靜態資料的概念應該更寬泛。新聞網站中的新聞頁面，雖然它們是根據編輯提供的文稿配以固定的範本動態生成的，但它們也應該屬於靜態資料。因為這些資料一旦生成後，無論哪位使用者存取，看到的頁面都是相同的。因此，廣義來看，凡是與使用者個體無關的具有較強通用性的資料都可以作為靜態資料進行快取。

因此，作為新聞網站，一種可行的高性能設計是這樣的。使用者存取新聞頁面，如果該頁面還未生成，則由頁面生成模組生成後放入靜態頁面快取模組中。之後，所有使用者再存取同樣的新聞頁面時，由靜態頁面快取模組直接返回頁面結果。為了保證對新聞稿件的編輯能夠及時生效，系統可以在某筆新聞更新後刪除相關快取，以便於重新生成新的快取，如圖 7.14 所示。

圖 7.14 新聞網站結構

靜態快取適合快取與使用者無關的元素、頁面等通用性很強的資料，但它不適合快取通用性很差的資料。因為不同的使用者、請求參數存取到的資料不同，快取這些特異性資料也沒有太大意義。

其實在第 2.1 節中介紹的 CDN 就是一種靜態快取。只不過這種靜態快取分佈到網路中的不同節點上，還有著請求分流的作用。

7.6.3 服務快取

如果使用者請求的資料不是靜態結果，而是根據不同的使用者、請求參數、時間等資訊動態生成的結果，那結果的形式變化極大，且很少有結果會被多次存取。在這種情況下，快取最後的資料結果便沒有太大意義。

但是無論如何，動態的資料結果其生成都有一個過程。在這個過程中，可能需要不同的服務模組來完成。而每個服務模組列出的結果可能是具有一定通用性的。我們可以將每個服務列出的結果分別快取起來，這種快取就是服務快取。

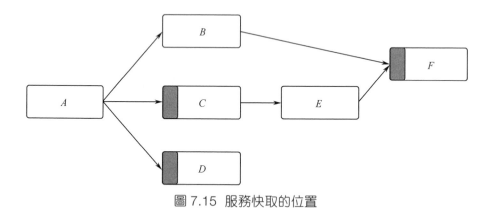

圖 7.15 服務快取的位置

如圖 7.15 所示，模組 A 負責列出最終結果資料，但是這個資料需要服務模組 B 到 F 的支援。如果 A 中列出的結果資料特異性極大，沒有快取的意義。但是服務模組 C、D、F 列出的結果具有一定的通用性，則

可以在它們中設定快取。這樣，可以在系統呼叫到這些模組時，透過
快取快速得到結果。

7.6.4 資料庫快取

資料庫是為系統提供持久化服務的模組，所以資料庫快取屬於服務快
取。資料庫的查詢操作涉及 IO、檢索等過程，其耗時一般較長，因此
為資料庫增加快取能夠獲得較大的收益。所以，資料庫快取在系統設
計中非常常見。

資料庫模組一般都不會提供快取功能。因此，通常需要資料庫模組的
前置模組來增加快取功能。在很多應用場景下，也會單獨為資料庫開
發一個快取模組，如圖 7.16 所示。

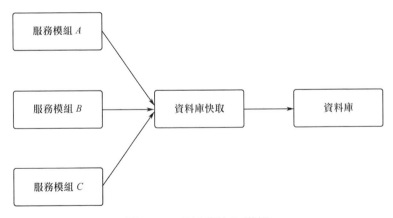

圖 7.16 資料庫快取模組

7.7 寫入快取

在前幾節中，我們已經介紹了關於快取的種種知識，而這些快取都是讀取快取。讀取快取存在於呼叫方和資料提供方之間，透過快取資料提供方列出的資料來為資料提供方分擔壓力。這是快取常用的方式。

快取除了作為讀取快取，還可以作為寫入快取。寫入快取存在於呼叫方和資料處理方之間，減少巨量呼叫操作對資料處理方進行的衝擊，有著平谷填峰的作用。

我們可以把寫入快取了解為電路中的電容，帶有紋波的電壓經過電容後便變得平坦了。也可以將其了解為水庫，只要水庫不乾涸，無論注入水庫的水量如何變化，水庫總以相對恒定的水量向下游放水。圖7.17 展示了寫入快取在系統中的作用。

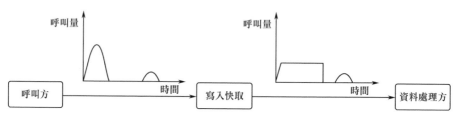

圖 7.17 寫入快取在系統中的作用

7.7.1 寫入快取的收益問題

既然要使用寫入快取，那麼寫入快取必定是有收益的。接下來我們討論寫入快取的收益問題。寫入快取也是在用空間換時間，其帶來的收益也主要是時間上的收益。

假設原來資料處理方處理某個請求所需要的時間為 $T_{original}$。引入寫入快取後，寫入一筆快取資料所需要的時間為 T_{push}，從快取中列出一筆資料所需要的時間為 T_{pop}。則引入寫入快取後，請求處理的總時間為：

$$T_{push} + T_{pop} + T_{original}$$

則顯然有：

$$T_{push} + T_{pop} + T_{original} > T_{original}$$

也就是說，從請求處理的總時間來看，引入寫入快取的收益一定是負的。這是因為寫入快取引入了額外的快取資料寫入和列出操作。

但從請求方的角度看，寫入快取的存在可以讓請求完成快取寫入後便立刻返回，而不需要等待資料處理方完成請求的處理工作。於是請求方感知到的回應時間變為 T_{push}，而只要下面的不等式成立，寫入快取就能減少請求的回應時間，帶來收益。

$$T_{push} < T_{original}$$

可見從收益角度看，讀取快取和寫入快取具有本質的不同。讀取快取是用快取以命中率 p 替換資料提供方的操作，而讀取快取則是額外花費時間 $T_{push} + T_{pop}$ 來延遲資料處理方的操作。讀取快取能夠減少請求回應時間且能減少系統總處理時間，而寫入快取只能減少請求回應時間，反而會增加系統的總處理時間。

7.7.2 寫入快取實踐

在系統中增加寫入快取非常簡單，如圖 7.18 所示，只要將寫入快取增加到呼叫方和資料處理方之間即可。寫入快取實際上是一種限流方案，在第 9 章我們會詳細介紹限流。在實現上，Redis、資料庫、記憶體中的清單、訊息系統等都可以作為寫入快取。

圖 7.18 寫入快取結構示意圖

可能有些讀者會認為資料庫不能作為快取使用。甚至，很多資料中，都直接將資料提供方稱為資料庫。其實這種稱呼是狹隘的。快取的媒體實際是非常寬泛的。對於讀取快取而言，只要能滿足 $T_{createKey} + T_{findKey} + p \times T_{parseValue} + (1-p) \times T_{original} \ll T_{original}$，任何儲存媒體都可以。對於寫入快取而言，只要能滿足 $T_{push} < T_{original}$，任何儲存媒體也都可以。這才是對快取的巨觀認識。

對於寫入快取而言，資料處理方的處理過程中可能涉及多次資料庫操作和複雜的邏輯操作，即使使用資料庫也能極佳地滿足 $T_{push} < T_{original}$，帶來明顯的收益。而且，資料庫具有持久性特性，能保證其中快取的資料不會遺失。所以，資料庫是一種很好的快取媒體。

在寫入快取和資料處理方之間，如果是由寫入快取負責將資料推送到資料處理方，則實現相對複雜。因為寫入快取的推送過程中必須要考慮資料處理方的負載情況。因此，在實踐中通常由資料處理方負責從寫入快取中拉資料。當資料處理方處理完已有的資料出現空閒時，可以查看寫入快取中是否還有未處理的資料，如果有則拉入資料處理方進行處理。

寫入快取非常適合用在請求峰谷變化明顯、對即時性要求不高的系統中，如一些搶購系統、競拍系統。在請求的峰值附近，寫入快取儲存請求，降低請求的回應時間，提升系統吞吐量。在請求的谷值附近，寫入快取會將快取的請求釋放出來，供資料處理方慢慢處理。

舉例來説，存在一個推送系統，在某個時間點進行大量的資訊推送工作，會導致大量的請求突然湧入系統。如果推送系統即時處理每個請求，則會導致系統的併發數急劇升高，導致系統吞吐量下降、回應時間變長。嚴重時系統可能崩潰。而引入寫入快取後，請求只需要完成快取的寫入操作便可以快速返回，使系統的壓力大大降低。之後系統中的資料處理方可以慢慢處理寫入快取中的資料，將訊息一一推出。當然，寫入快取的存在也帶來一個問題，即請求不是即時處理的，而是非同步處理的。在使用寫入快取時，要確保這種非同步處理的方式是滿足系統要求的。

Chapter

08

可靠性設計

系統正常運行是保證軟體系統維持吞吐量、併發數、回應時間等各項指標的基礎，如果軟體故障，則上述指標會發生惡化，甚至直接導致系統當機。因此，保證系統的可靠性十分必要。

可靠性也是軟體性能的重要維度。在第 1.3 節我們簡介了軟體系統的可靠性指標。在這一章，我們將詳細介紹軟體可靠性相關指標，並列出提升軟體可靠性的架構方法。

8.1 軟體可靠性概述

軟體可靠性是指系統、產品或元件，在指定條件下、指定時間內執行指定功能的程度。

按照軟體可靠性的形成原因，可以分為固有可靠性和使用可靠性。固有可靠性是指透過設計、開發而決定的軟體產品的可靠性；使用可靠性既受到設計、開發的影響，還受到使用條件的影響。因此，一般情況下，使用可靠性總是低於固有可靠性。[3]

傳統領域的系統也存在可靠性的概念。在傳統領域中，系統的可靠性隨著系統執行時間的延長而逐漸降低，主要是由於系統的物理退化引發。但軟體系統不同，組成軟體系統的資料結構、演算法並不會隨著執行時間的延長而退化。此外，軟體系統也不會因為複製而導致資料結構、演算法發生變化，因此也不會因為複製而退化。

一般來說軟體系統故障的原因如下所示。

- 複雜性：相比於傳統領域的系統，軟體系統的複雜性高，存在許多分支。對於許多軟體系統而言，對系統中的全部敘述、分支、路徑進行測試是極為困難的。這導致軟體系統本身就存有一些缺陷。

- 多變性：不同於傳統系統，軟體系統通常以很高的頻率進行疊代更新。在疊代更新的過程中，很有可能引入與之前版本不相容的功能點，並且難以進行全面的回歸測試。這也會引入一些缺陷。

- 環境未知性：即使是經過可靠疊代、全面測試的軟體系統也可能會故障。這是因為軟體的運行過程中可能面臨全新的硬體環境和使用者環境。硬體環境可能導致軟體因不相容而發生錯誤；使用者環境則可能使系統接收到從未經過測試的輸入資料而發生錯誤（很多系統的漏洞就是這樣被發現的）。

可見，要想全面避免軟體系統故障是不可能的。在軟體測試領域有一個思想就是「任何軟體都有缺陷」。

但是，我們可以透過更為科學的軟體測試方法減少系統漏洞，也可以透過專業的架構方法提升系統的可靠性。

8.2　軟體可靠性指標

在第 1.3 節我們簡介了軟體系統可靠性指標中的可靠度 $R(t)$ 和平均無故障時間 θ。接下來，我們介紹下與可靠性相關的其他指標。

8.2.1　故障機率

軟體的可靠度 $R(t)$ 表示在指定的運行條件下，軟體在規定的時間內不故障的機率。有 $R(0)=1, R(+\infty)=0$。而軟體的故障機率 $F(t)$ 則與可靠度的概念互補，為：

$$F(t) = 1 - R(t)$$

顯然有 $F(0)=0, R(+\infty)=1$，即軟體剛開始執行時期是有效的，而只要執行時間足夠長都會故障。

8.2.2　故障強度

故障強度（Failure Intensity）是指單位時間內軟體的故障機率。

顯然，故障強度 $f(t)$ 是故障機率的導數。即有：

$$f(t) = F'(t) = \lim_{\Delta t \to 0} \frac{F(t+\Delta t)}{\Delta t}$$

8.2.3　故障率

故障率（Failure Rate）是指軟體運行至當前未故障的情況下，單位時間內故障的機率。又被稱為條件故障強度、風險函數。或我們可以用數學語言來描述：故障率 $\lambda(t)$ 是指軟體在 $[0,t)$ 時刻未故障的情況下，t 時刻故障的機率，有：

$$\lambda(t) = \frac{f(t)}{R(t)}$$

8.3 模組連接方式與可靠性

軟體系統通常由多個模組成，多個模組的可靠性共同影響了軟體系統整體的可靠性。在這一節，我們從理論層面來研究模組可靠性和軟體系統整體可靠性之間的關係。

8.3.1 串聯系統的可靠性

假設系統由模組串聯組成，如圖 8.1 所示。且各個模組的可靠度依次為 R_1，R_2，$\cdots$，R_n，對應的故障率依次為 λ_1，λ_2，$\cdots$，λ_n。

圖 8.1 串聯系統示意圖

那麼，系統的可靠性 R 為：

$$R = R_1 \times R_2 \times \cdots \times R_n$$

系統的故障率 λ 為：

$$\lambda = \lambda_1 + \lambda_2 + \cdots + \lambda_n$$

8.3.2 並聯系統的可靠性

假設系統由多個模組並聯組成，如圖 8.2 所示，且各個模組的可靠度依次為 R_1、R_2，$\cdots$，R_n。

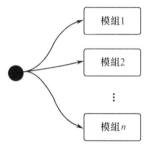

圖 8.2 並聯系統示意圖

那麼，系統的可靠性 R 為：

$$R = 1 - \left(1 - R_1\right) \times \left(1 - R_2\right) \times \cdots \times \left(1 - R_n\right)$$

假設所有的模組的故障率均為 λ，則系統的故障率 μ 為：

$$\mu = \dfrac{1}{\dfrac{1}{\lambda} \displaystyle\sum_{j=1}^{n} \dfrac{1}{j}}$$

8.3.3 容錯系統的可靠性

容錯系統是指存在模組容錯的系統。最簡單的，我們可以設計 n（令 n 為奇數，即 $n = 2m+1$）個模組，在系統執行時期讓 n 個模組平行工作，然後透過表決器整理 n 個模組的輸出值，取過半數作為最終結果。則這種情況下，只要有 $[m+1, n]$ 個模組正常執行，則系統便可以得出正常的結果（見圖 8.3）。

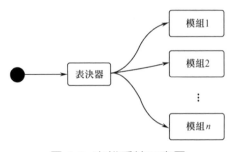

圖 8.3 容錯系統示意圖

假設每個模組的可靠度為 R_0，則此時系統的可靠性為 R。

$$R = \sum_{i=m+1}^{n} C_n^j \times R_0^i \left(1 - R_0\right)^{n-i}$$

8.3.4 模組連接方式的可靠性討論

我們把串聯系統的可靠性記為 $R_{串}$，並聯系統的可靠性記為 $R_{并}$，容錯系統的可靠性記為 $R_{冗}$。在組成系統的各個模組的可靠性相同且模組數目足夠大時有：

$$R_{串} < R_{冗} < R_{并}$$

關於 $R_{串} < R_{并}$，$R_{串} < R_{冗}$ 很好了解，因為在串聯模組成的系統中，任何一個模組故障會導致系統故障，因而容錯性最差，可靠性最低。

我們要著重探討的是 $R_{冗} < R_{并}$。這一點從直觀上不難了解，因為並聯系統容許出現 $n-1$ 個故障模組，而容錯系統則只容許出現 m 個故障模組（ $n = 2m+1$ ）。這時會引出一個疑問：容錯系統需要引入一個表決器，結構上更為複雜，且其可靠性更低，那麼為什麼要設計容錯系統，而不直接採用更為簡單且可靠性更高的並聯系統呢？

要解決這個問題，我們需要了解軟體故障模型。

8.4 軟體故障模型

軟體故障模型討論的是軟體故障時的對外表現。我們可以借鏡容錯演算法中的概念來討論這一問題,當一個模組故障時,可以對外表現為兩種形式:一種表現為故障;另一種表現為惡意 [9]。

對表現為故障的模組,會停止回應外界的請求。外界在呼叫該模組時,會因為無法獲得請求而判斷出該模組發生故障。故障時表現為故障的模組十分常見。舉例來說,資料庫系統故障時,呼叫方將無法連接到資料庫或無法獲得查詢結果;當某個介面故障時,呼叫方將無法從該請求獲得結果。

對表現為惡意的模組,會繼續回應外界的請求,但是卻會列出錯誤的結果。這些錯誤的結果可能是隨機值、正確結果的相反值、抖動的值等 [10]。外界呼叫該模組時,仍然能從該模組獲取到結果。這使得呼叫方在獲取到某個模組的結果時,無法判斷結果的正確性。故障時表現為惡意的模組也是存在的。舉例來說,當某個系統因為外界環境變化連接到錯誤的資料來源上,則該系統可能會回應外界請求,並列出錯誤的結果。

如果系統能夠容忍故障模組,但不能容忍惡意模組,我們就會稱該系統能夠實現非拜佔庭容錯。如果一個系統能夠在存在惡意模組的情況下正常執行,我們就會稱該系統實現了拜佔庭容錯 [9]。實現拜佔庭容錯的系統要判別和排除惡意模組的影響,其所需要的資訊量更大、實現的成本更高。

第 8.3 節中介紹的並聯系統能夠實現非拜佔庭容錯,而容錯系統能夠實現拜佔庭容錯。相比於並聯系統,容錯系統能容忍的錯誤等級更高。

為了實現對惡意模組的容忍，容錯系統需要的資訊量更大，要求的正常模組數更多，故 $R_{冗} < R_{并}$。

通常的模組在故障時會表現為故障。惡意模組的產生可能來自程式錯誤、設定錯誤、駭客入侵等，在充分驗證的內部系統中是很少出現的。因此，通常的軟體架構設計中，我們可以不用實現拜佔庭容錯。

8.5 可靠性設計

在前面的章節中，我們介紹了軟體系統的可靠性指標，以及模組串聯、並聯、容錯等各種組織形式對系統可靠性的影響。在這一節中，我們將介紹如何利用這些知識來提升軟體系統的可靠性。

8.5.1 消除單點依賴

消除系統中的單點依賴是提升系統可靠性的重要策略。當系統中出現單點依賴時，表示出現了模組串聯。如圖 8.4 所示的系統中，模組 m 是一個單點模組，這表示它串聯連線了整個系統。如果它故障，則直接導致系統故障。

圖 8.4 單點依賴示意圖

如果系統中存在單點依賴的模組。我們可以透過為其增加並聯模組以提升其可靠性、為其設定旁路以降低系統對其依賴等方式，提升整個系統的可靠性。

8.5.2 化串聯為並聯

經由第 8.3 節我們可以得出結論：同等條件下，並聯系統的可靠性遠高於串聯系統。因此，在可能的情況下，我們可以透過將串聯系統改造為並聯系統的方式來提升系統的可靠性。

例如在第 7.3.2 節中，我們介紹了快取更新機制中的 Read/Write Through 機制。在這種機制下，呼叫方只需要和快取打交道，而快取負責保證自身資料和資料提供方的一致性。這使得呼叫方的處理邏輯更為簡單。但是 Read/Write Through 機制卻使得各個模組之間組成了串聯，如圖 8.5 所示。

圖 8.5　Read/Write Through 機制示意圖

在 Read/Write Through 機制下，只要快取模組故障，則系統便會故障，其可靠性較差。

而快取更新機制中的 Cache Aside 機制，則在模組的串聯關係基礎上增加了並聯關係，如圖 8.6 所示。

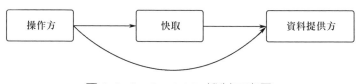

圖 8.6　Cache Aside 機制示意圖

並聯關係的引入提升了系統的可靠性。當快取模組單獨故障時,系統可以繞過快取模組而基於資料提供方模組正常執行。

在架構設計中,我們可以採取以上想法,在串聯關係的基礎上透過增加旁路組成並聯模組。

8.5.3 採用叢集

叢集是一種典型的並聯實現方式。在叢集系統中,只要有一個模組有效,則叢集對外表現為有效。叢集的實現方式有很多,典型的有主備式、相等式。

在主備式叢集中,有一個模組為主模組,由它對外提供服務。而其他模組為備用模組,負責將主模組的狀態等資訊同步到自身。當主模組故障時,備用模組中會產生新的主模組承擔對外服務的功能。

在相等式叢集中,各個模組是平等的,且同時對外提供服務。外部請求會按照一定規則分配到各個模組上。在這種工作方式下,當某個模組故障後,其請求會被分配到其他模組上,而不影響整個叢集的功能。在第 3.2 節介紹的各種叢集方式都是相等式叢集的實現形式。

應用保護

在第 8 章中我們討論了軟體故障的相關問題，並列出了提升軟體可靠性的架構方法。然而，任何軟體都有缺陷，優良的架構設計只能減少而不能避免故障。

在實際專案中，我們還可以透過一些其他方法對應用進行保護，以儘量減少軟體故障。這一節我們將介紹這些方法。

9.1　應用保護概述

在第 1.4.1 節我們列出了如圖 9.1 所示的系統吞吐量與併發數的關係曲線圖，並將系統的工作區間劃分為 OA、AB、BC 三段。

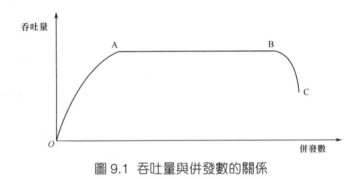

圖 9.1 吞吐量與併發數的關係

在 OA 段，系統的吞吐量會隨著併發數增減而增減，從而確保了併發數和吞吐量始終匹配。因此，系統工作在這個區間段內時是穩定的。

在 AB 段，無論併發數如何增減，系統的吞吐量總保持不變，不會受到併發數的影響。因此，在這個區間段內系統也是穩定的。

在 BC 段，如果併發數下降，則系統的吞吐量增加，最終系統會進入 AB 段，因此系統是穩定的。如果在 BC 段併發數提升，則系統的吞吐量下降，吞吐量的下降進一步導致請求的堆積，因而併發數繼續提升。最終可能導致系統故障。因此，系統在 BC 段是不穩定的。

在系統的架構設計中，我們要避免系統進入不穩定的 BC 工作段。前面章節所介紹的分流、平行與併發、快取等方法可以降低系統進入 BC 段的可能性。

如果系統在這種情況下仍然運行到了 BC 段，則我們要採取更進一步的措施來避免系統的進一步惡化。這些措施有隔離、限流、降級、熔斷、恢復等。這些保護措施在微服務系統中獲得了較為廣泛的引用。因此，經常在這些保護措施前增加「服務」二字，如「服務限流」、「服務降級」等，在本節中我們也採用這些慣用名稱。但我們也要明確，這些方法不僅適用於微服務系統，在許多軟體系統中同樣適用。

在第 8 章中，我們將軟體的故障狀態定義為「故障」和「未故障」兩種，但那只是為了便於討論而進行的模型簡化。在實際系統中，「故障」和「未故障」的概念可能是模糊的，如圖 9.2 所示列出了一種系統故障嚴重程度的劃分方式。

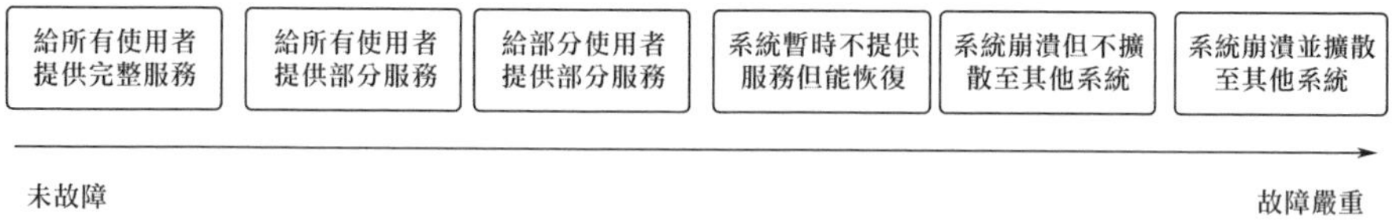

| 給所有使用者
提供完整服務 | 給所有使用者
提供部分服務 | 給部分使用者
提供部分服務 | 系統暫時不提供
服務但能恢復 | 系統崩潰但不擴
散至其他系統 | 系統崩潰並擴散
至其他系統 |

未故障   →   故障嚴重

圖 9.2 系統故障的嚴重程度

在應用保護的過程中，許多措施會對應用的服務造成一些影響，這時我們必須要意識到「丟卒保車」的策略是合理的。舉例來說，我們必須要了解如果系統當前處在「給所有使用者提供完整服務」階段，為了不使系統進入「給部分使用者提供部分服務」階段而將系統的工作狀態調整至「給所有使用者提供部分服務」階段的做法是明智的。這是一種犧牲眼前換取長遠的策略，很多時候應用保護就是這樣做的。

9.2 隔離

在串聯連接的模組中，如果一個模組故障，則它的前置模組因為無法獲取後置模組的服務也會故障。因此，故障會在串聯的模組中向前蔓延。

假設系統中節點 N1 會呼叫節點 N2、N3、N4 三個節點提供的不同服務，如圖 9.3 所示。需要格外說明，這裡的 N2、N3、N4 三個節點各自提供不同的服務，因而非並聯的，而是與 N1 節點分別串聯。

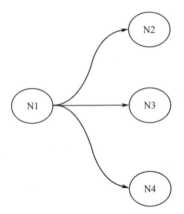

圖 9.3 服務串聯示意圖

在不考慮隔離的情況下，節點 N1 的工作過程通常以下面的虛擬程式碼所示。

```
public Result service(Request request) {
    Result result = new Result();
    result.append(n2.service(request));
    result.append(n3.service(request));
    result.append(n4.service(request));
    return result;
}
```

當節點 N2 故障時，n2.service(request) 操作將阻塞，從而導致節點 N1 中的 service 操作會被阻塞。於是，大量的請求擁塞在節點 N1 上，使得節點 N1 的併發執行緒數急劇升高，最終導致節點 N1 記憶體耗盡而故障。

有一種措施可以避免故障的蔓延，那就是隔離。

我們可以使用執行緒池將節點 N1 和後方的節點 N2、N3、N4 隔離起來。具體措施是在 N1 中為呼叫節點 N2、N3、N4 的操作各設立一個執行緒池，每次需要呼叫它們的服務時，從執行緒池中取出一個執行緒操作，而非使用 N1 節點的主執行緒操作。實現流程的虛擬程式碼如下。

```
public Result service(Request request) {
    Result result = new Result();

    // 從呼叫N2節點的專用線程池中取出一個執行緒
    Thread n2ServiceThread = n2ServiceThreadPool.get();
    if (n2ServiceThread != null) {
        // 使用獲得的執行緒呼叫N2節點的服務
        n2ServiceThread.start();
        // 獲得N2節點列出的結果，並整理入N1節點的處理流程中
        result.append(n2ServiceThread.get());
    }

    // 省略對N3、N4節點的呼叫流程

    return result;
}
```

這樣，當 N2 節點故障時，會使得 N1 節點中的呼叫執行緒阻塞，進而導致 N1 節點中操作 N2 節點的執行緒池被佔滿。之後，這一結果不會再繼續擴散，不會對其他執行緒池造成影響，從而保證節點 N1 的資源不會被耗盡。

這種操作將 N2 節點故障引發的影響隔離在了節點 N1 的執行緒池中，提升了節點 N1 的穩定性。

然而執行緒的列出、回收、切換都需要較大的成本，在對一些小的操作進行隔離時，執行緒操作顯得太過厚重，可以使用第 4.2.6 節中介紹

的標誌來進行隔離。某個操作出現故障後,會導致該操作對應的標誌被耗盡,而不會繼續向外擴散。

這裡要說明一點,如果節點 N2 提供的服務是系統不可或缺的,則只要節點 N2 故障,系統便故障了。此時任何將節點 N2 的故障隔離起來的操作都是沒有意義的。當節點 N2、N3、N4 提供一些有意義但不必需的服務時,這種隔離方法才有效。

9.3 限流

系統進入不穩定工作區間的原因是併發數太高。因此,只要我們將系統的併發數限制在一定值以下,便可以保證系統工作在穩定的區間。基於這種思想,我們可以對系統進行限流操作,即限制進入系統的請求數目。

接下來我們介紹具體的限流操作的實現方法。

9.3.1 時間窗限流法

生活中的水流是一個模擬量,我們可以透過擴大和減小水閥開口來控制水流的大小。而請求組成的串流不是模擬量,它由一個個獨立的請求組成。但是我們可以將時間劃分成小段,在每小段時間內,只允許一定數量的請求進入系統,以達到限流的目的。這一小段時間就是時間窗。

時間窗是指一段固定的時間間隔,而時間窗限流法就是在固定的時間間隔內允許一定數量以內的請求進入服務。如圖 9.4 所示,每個時間窗內只允許三個請求進入。對於未能進入服務的請求，可以直接返回失敗，也可以使用佇列儲存起來，等待下一個時間窗。

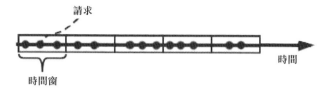

圖 9.4　時間窗限流法

在時間窗限流法中，新請求的到來和放行的過程是同步的，因此實現非常簡單，使用一個計數變數和計時變數便可以完成。每當一個請求進入時，判斷當前時間窗內是否還有請求額度，然後根據判斷情況放行或攔截，實現的虛擬程式碼如下所示。

```
public Result timeWindowLimiting (Request request)
{
    // 判斷是否開啟新的時間窗
    if(nowTime() - beginTime > TIME_WINDOW_WIDTH) {
        count = 0;
        beginTime = nowTime();
    }

    // 判斷時間窗內是否還有請求額度
    if(count < COUNT_THRESHOLD) {
        count ++;
        return service.handle(request);
    } else {
        return "Place try again latter.";
    }
}
```

時間窗限流法有一個很明顯的缺點，即存在請求突刺。在每個時間窗的開始階段可能會突然湧入大量的請求，而在時間窗的結束階段可能因為額度用完而導致沒有請求進入服務。從服務的角度來看，請求數目總是波動的，這種波動可能會對服務造成衝擊。

9.3.2 漏桶限流法

為了避免時間窗限流法的請求突刺對服務造成過大的衝擊，我們可以減小時間窗的寬度。而當時間窗足夠小時，小到每個時間窗內只允許一個請求透過時，就演化成了漏桶限流法。

漏桶限流法採用恒定的時間間隔向服務釋放請求，避免了請求的波動。

在實現漏桶限流法時，需要一個儲存請求的佇列。當外部請求到達時，先將請求放入佇列中，然後以一定的頻率將這些請求釋放給服務。其工作原理就像是一個漏水的水桶，如圖 9.5 所示。

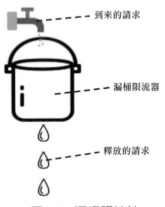

到來的請求

漏桶限流器

釋放的請求

圖 9.5　漏桶限流法

對於接收漏桶請求的服務而言，無論外部請求量的大小如何變化，它總是以恒定的頻率接收到漏桶列出的請求。

漏桶中儲存請求佇列的長度畢竟是有限的，在它被請求佔滿的情況下，可以直接將後續的請求捨棄或返回失敗。

在漏桶限流法中，請求的到來和釋放並不是同步的，而是兩個獨立的過程。因此，漏桶限流法的實現要比時間窗限流法略複雜一些，需要有一個獨立的執行緒以一定的頻率釋放請求。漏桶限流法的虛擬程式碼如下所示。

```
public class LeakyBucket {
    // 快取請求的佇列
    Queue<Request> requestQueue = new LinkedList<>();

    // 接收請求並將請求存入佇列
    public void receiveRequest(Request request) {
        if (requestQueue.size() < REQUEST_SIZE_THRESHOLD) {
            requestQueue.offer(request);
        }
    }

    // 以一定時間間隔向後方服務釋放請求
    @Scheduled(TIME_INTERVAL)
    public void releaseRequest() {
        Request request = requestQueue.poll();
        service.handle(request);
    }
}
```

受到請求複雜程度、軟硬體活動的影響，服務處理不同，請求所花費的時間也不同。而漏桶限流法總是以相同的頻率向服務釋放請求，這可能導致兩種情況：第一種情況下，服務無法及時處理完成收到的請求，從而造成請求的擁塞，並進一步導致系統性能的下降；第二種情況下，服務能很快處理完收到的請求，於是在接收到下一個請求之間，服務存在一定的空閒，這造成了處理能力的浪費。

9.3.3 權杖限流法

漏桶限流法不能根據系統的負載情況調整請求頻率的根本原因是缺乏回饋機制。只有將服務處理請求的情況進行回饋，才能使得限流模組根據服務的情況合理地釋放請求。於是，這就演化成了權杖限流法。

在使用權杖限流法時，一個請求必須拿到權杖才能被發送給服務進行處理。而服務則會根據自身的工作情況向限流模組發放權杖。舉例來說，在自身併發壓力大時降低權杖的發放頻率，在自身空閒時提高權杖的發放頻率。回饋的引入使服務能夠最高程度地發揮自身的處理能力。

權杖限流法釋放請求的時機有兩個：一是新請求到來時，二是新權杖到來時。所以不需要一個獨立的執行緒來檢查暫存的權杖和請求的數目，程式設計實現比較簡單。其虛擬程式碼如下所示。

```java
public class TokenPool {
    // 快取請求的佇列
    Queue<Request> requestQueue = new LinkedList<>();
    // 快取權杖的佇列
    Queue<Request> tokenQueue = new LinkedList<>();

    // 接收請求，根據權杖情況處理請求
    public void receiveRequest(Request request) {
        if (tokenQueue.size() > 0) { // 尚有權杖，直接釋放請求
            tokenQueue.poll();
            service.handle(request);
        } else if (requestQueue.size() < REQUEST_SIZE_THRESHOLD) { // 暫存請求
            requestQueue.offer(request);
```

```
        }
    }

    // 接收權杖，根據請求情況處理權杖
    public void receiveToken(Token token) {
        if (requestQueue.size() > 0) { // 尚有請求，直接消耗權杖釋放請求
            Request request = requestQueue.poll();
            service.handle(request);
        } else if (tokenQueue.size() < TOKEN_SIZE_THRESHOLD) { // 暫存權杖
            tokenQueue.offer(token);
        }
    }
}
```

提供服務的一方可以根據自身的負載情況調整向權杖池放入權杖的速率。

權杖限流法的實現中有一種容易想到的錯誤方案需要注意，即在每次服務處理完請求時，將權杖返還給限流模組，以保證整個系統中存在恒定數量的權杖。按照這種方案，服務處理越快，則權杖迴圈越快；服務處理越慢，則權杖迴圈越慢。如圖 9.6 所示，圖中恒有 6 個權杖存在。

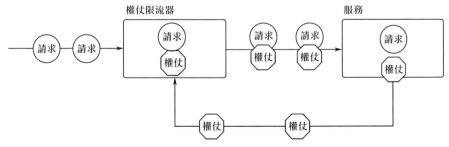

圖 9.6 保持權杖數恒定方案示意圖

然而，這種方案過於理想，在實際應用中可能存在嚴重的問題。服務、限流模組、通訊過程中都可能因為異常而遺失權杖，最終權杖數目會隨著時間逐漸減少，引發系統吞吐量的下降。因此，在實際生產中，不建議使用這種方案。

權杖限流法也可能存在請求突刺，即當權杖池中存在大量權杖而又瞬間向權杖池中湧入大量請求時，這些請求會被瞬間釋放，從而對服務造成衝擊。可以透過調整權杖池能夠快取權杖的數目來解決這一問題。

9.4 降級

在第 1.4.3 節我們已經討論過，平均回應時間將對系統併發數造成影響。在請求頻率一定的情況下，平均回應時間越短，則系統的併發數越低，如圖 9.7 所示。

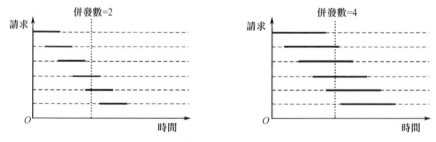

圖 9.7 併發數與平均回應時間的關係

因此，透過降低系統平均回應時間的方式，也可以降低系統的併發數，進而使得系統工作在穩定的區間段內。

在系統軟硬體條件、請求類型、請求頻率不變的情況下，系統平均回應時間是大致穩定的。降級就是在上述條件不變的情況下，透過減少請求操作來降低平均回應時間，即將請求中一些耗時的操作裁剪掉，只保留必要的、迅速的操作。

在程式層面實現降級並不複雜，簡單的條件選擇敘述就可以完成，在此我們不再列出範例。在實現降級的過程中最複雜的是降級等級和降級策略的劃定，這兩者都需要根據具體的業務場景來展開，我們這裡列舉一些典型的降級策略。

- 停止讀取資料庫：將需要讀取資料庫獲取到的準確結果改為從快取中讀取的近似結果，以避免存取資料庫造成的時間損耗。舉例來說，某件商品的已銷售數量，可以直接從快取中取出近似結果返回。

- 準確結果轉近似結果：對一些需要複雜計算的結果，可以直接使用近似結果代替。舉例來說，在基於位置的服務（Location Based Services，LBS）中採用低精度的距離計算演算法。

- 直接返回靜態結果：直接略去資料讀取、計算等過程，顯示一個靜態的範本結果。舉例來說，某個產品的推薦理由可以從原本的個性化的推薦理由修改為固定的範本結果。

- 同步操作轉非同步作業：在寫入快取部分一些涉及寫入的操作中，暫存操作內容後直接返回成功。可以參照第 7.7 節的內容。

- 功能裁剪：將一些非必要的功能直接裁剪掉，例如「猜你喜歡」模組、「熱榜推薦」模組等。

- 禁止寫入操作：直接將寫入操作禁止，而只提供讀取操作。舉例來說，系統在運行高峰期禁止使用者修改暱稱等。

- 分使用者降級：針對不同的使用者，採取不同的降級測量。一般來說，可以直接禁止爬蟲使用者的存取，而維持普通使用者的存取。

■ 工作量證明式降級：工作量證明（Proof Of Work，POW）是軟體系統中常見的一種促進資源合理分配的方法，它要求獲取服務的一方完成一定的工作量，以此來證明自己確實需要獲取相關服務。這種方法可以幫助軟體系統排除惡意存取，但也使得使用者的體驗變差。常見的方法是在服務之前增加驗證碼、數學題、拼圖題等，而且還可以根據需要增加題目的難度。

根據觸發方法不同，可以將降級分為兩種：自動降級和手動降級。

自動降級是根據系統當前的運行狀況、運行環境自動地採取對應的降級策略。具體的實施方法如下所示。

■ 因依賴不穩定而降級：當系統依賴的某個服務總是以很大的機率返回失敗結果或長時間不回應時，系統可以降級以繞過該不穩定的服務。

■ 因失敗機率過高而降級：當一個系統總是以很高的機率列出失敗結果時，系統可以降級，以提升自身的正確率。

■ 因限流而降級：當限流模組發現流量過高時，如時間窗、漏桶、權杖池等各限流模組的快取區域已滿並開始捨棄請求時，則可以通知其後方的服務模組降級。這樣可以提升服務模組的請求處理速率，以便於儘快消費掉請求佇列。

以使用漏桶限流法的自動降級為例，我們可以使用下面的虛擬程式碼來實現後續服務的降級：

```
public class LeakyBucket {
    // 快取請求的佇列
    Queue<Request> requestQueue = new LinkedList<>();
    // 後續服務是否需要降級的標示位
    boolean degrade = false;
```

```
// 接收請求並將請求存入佇列
public void receiveRequest(Request request) {
    if (requestQueue.size() < REQUEST_SIZE_THRESHOLD) {
        requestQueue.offer(request);
        // 快取佇列存在空，則後續服務無須降級
        degrade = false;
    } else {
        // 捨棄請求，並宣告後續服務需要降級
        degrade = true;
    }
}

// 以一定時間間隔取出並處理請求
@Scheduled(TIME_INTERVAL)
public void releaseRequest() {
    Request request = requestQueue.poll();
    // 呼叫後續服務時攜帶標示是否需要降級的標示位
    service.handle(request, degrade);
}
}
```

降級是一種激進的應用保護方法。試想在應用尚可提供 100% 功能時，將其降級到只能提供 80% 功能的運行模式，這些功能損失勢必會造成一些負面影響。所以在生產中，較少採用自動降級策略，而多採用手動降級策略。舉例來説，當已經得知接下來將有大負載湧入時，可以透過人工設定的方式對應用進行降級處理。

實施手動降級策略時，可以將多個系統聯合起來按照場景編排成組。舉例來説，當存取量達到某個量級時，可以透過手動降級將組內的多個系統降級到某個等級，而不需要針對單一產品一一降級。

9.5 熔斷

在第 9.2 節我們已經介紹了如何使用隔離來避免故障的蔓延，這對防止服務雪崩具有很好的效果。隔離是以犧牲前置模組的資源為代價的。舉例來說，我們可能犧牲了前置模組的執行緒池資源、標誌資源等。而熔斷則提供了一種更進一步的隔離故障的方法。

熔斷就是在發現下游服務回應過慢或錯誤過多時，直接切斷該下游服務，而不再呼叫它的一種方法。類比到電路中，熔斷器發揮了熔斷的作用，能在某些電路模組出現異常時直接切斷與異常模組的關聯；而光電耦合器則發揮了隔離的作用，任憑某些電路模組如何故障，其故障電流都不能越過光電耦合器造成正常電路模組的短路或擊穿。

有些讀者可能會將熔斷和降級混淆。降級是服務本身列出的一種降低自身平均回應時間的方法，而熔斷則是服務呼叫方列出的繞過服務提供方的方法。降級是服務自己的行為，而熔斷則是服務上游的行為。

熔斷是一種保守的保護方法。在熔斷被觸發時，下游服務已經有很大比例的請求返回錯誤訊息，上游服務也因此受到了故障的威脅。這時，採用熔斷措施放棄少量的尚能成功的請求，換取對上游服務的保護是非常保守的操作。因此，熔斷一般交由系統自動完成。

在使用中，通常將一定時間內下游模組的呼叫成功率和回應時間作為是否觸發熔斷的依據。下面程式列出了熔斷器的虛擬程式碼。

```java
public class Fuse {
    // 用來記錄當前統計時間段
    Time beginTime = nowTime();
    // 失敗次數
```

```
Integer failCount = 0;
// 延遲次數
Integer delayCount = 0;

// 熔斷器的呼叫函數
public Result handleRequest(Request request) {
    // 判斷是否開啟新的統計區間
    if (nowTime() - beginTime > TIME_WINDOW_WIDTH) {
      beginTime = nowTime();
      failCount = 0;
      delayCount = 0;
    }

    if (failCount > FAIL_COUNT_THRESHOLD OR delayCount >DELAY_COUNT_
THRESHOLD){ // 觸發熔斷
        return "Place try again latter.";
    } else{ // 未觸發熔斷
        serviceBeginTime = nowTime();
        Result result = service.handle(request);
        // 發生延遲
        if (nowTime() - serviceBeginTime > DELAY_TIME_THRESHOLD) {
            delayCount++;
        }
        // 發生錯誤
        if (result.isFail()) {
            failCount++;
        }
        return result;
    }
}
}
```

需要注意的是熔斷器不是只有通路和斷路兩個狀態，還需要有一個測試狀態，如圖 9.8 所示。在測試狀態中，熔斷器釋放一定量的請求給服務以測試服務是否好轉。如果服務好轉，則熔斷器切換到通路狀態，否則熔斷器切換到斷路狀態。在上面程式中，每個統計週期的開始階段就是測試階段。

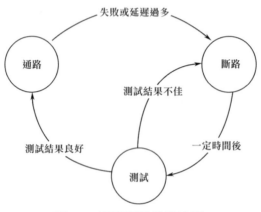

圖 9.8 熔斷器狀態轉換圖

9.6　恢復

限流、降級、熔斷都是為了保護系統而採取的暫時性方法。在系統正常之後，則需要恢復系統的服務，包括撤除限流、消除降級、關閉熔斷器等。一種簡單的操作是在探測到系統正常後直接恢復，但這並不是最佳的策略。這涉及應用的預熱過程。

應用啟動後，其能夠提供的最大吞吐量不是步階上升的，而是如圖 9.9 所示逐漸上升的。這個過程通常是迅速的，但是確實是存在的。

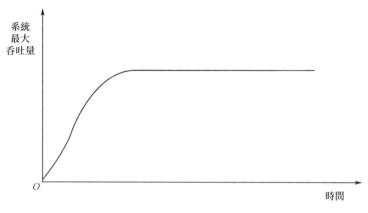

圖 9.9 系統啟動後最大吞吐量變化曲線

應用啟動後，存在吞吐量爬升過程的典型原因有以下兩方面。

一是系統的載入。以 Java 為例，它規定每個 Java 類別在被「第一次主動使用」前完成載入，這裡所說的「第一次主動使用」包括創建類別的實例、存取類別或介面的靜態變數、被反射呼叫、初始化類別的子類別等。在系統的啟動初期，許多類別正在因「第一次主動使用」而被載入，這個過程會消耗系統資源，也會帶來平均回應時間的延長。此時系統的吞吐量是較低的。隨著時間的演進，大多數類別都被載入完畢，此時系統的吞吐量才會穩定到較高的值。

二是快取的預熱。系統剛啟動時，系統的快取中是沒有資料的，這時所有的查詢操作都需要直接查詢資料提供方，因此平均回應時間也是較長的。只有在系統運行一段時間後，快取預熱結束，才能以相對恒定的命中率對外提供服務。這時系統的吞吐量才會穩定到較高的值。

在限流、降級、熔斷發生前，針對系統的請求可能是巨量的，在系統恢復到正常階段後，這些請求可能仍然是巨量的。如果直接去除限流、降級、熔斷等保護方法讓這些請求傾瀉到尚未達到最大吞吐量的系統上，可能會導致系統的再次故障。因此，在恢復階段，應該逐漸增加請求。

逐漸增加請求的方式類似限流，只是在限流的過程中逐漸增大請求的釋放量。具體的實施細節我們不再贅述。

前端高性能

在軟體系統中，良好的前端互動能夠極大地提升使用者體驗。這要求前端介面能夠列出清晰的操作指引、準確的行為判斷、貼切的元素展示、流暢的介面轉換等，這涉及資料讀寫、數值計算、圖形繪製、介面排列等諸多工作，給前端的性能帶來了挑戰。

我們這裡所說的前端，不僅指桌面和行動端的瀏覽器，也指 Android 與 IOS 等的用戶端軟體，以及嵌入在這些用戶端軟體中的瀏覽器。但在這一章的介紹中，我們主要以桌面瀏覽器為代表介紹。

與後端透過請求分流、節點拆分、資料庫最佳化等方式來提升性能不同，前端的高性能設計具有不同的想法。在這一章，我們從前端的性能瓶頸入手，探討前端的高性能設計。

10.1 前端工作分析

在這一節我們對前端的工作過程介紹，並分析各個過程中的性能瓶頸。

10.1.1 前端載入過程

當我們透過瀏覽器存取某個頁面時，存取的是 HTML 檔案的位址。瀏覽器就是從下載和解析這個 HTML 檔案開始，逐步請求相關資源，然後對這些資源進行整合、繪製，最終向我們展示出一個豐富的前端頁面。相關的資源包括 CSS 檔案、JavaScript 檔案、圖片檔案、影片檔案等。

HTML 檔案會被解析為 DOM 樹，DOM 樹中包含了檔案、圖片、超連結等元素，而 CSS 檔案則會被解析為樣式規則。然後，DOM 樹會和樣式規則進行連接整合，得到一個呈現樹（Render Tree，這是在 WebKit 引擎中的稱呼，在 Gecko 引擎中被稱為 Frame Tree，即框架樹）。接下來，瀏覽器引擎對呈現樹中的各個元素進行佈局、座標計算等工作，最終將所有元素繪製到頁面上，向我們展現出整個頁面。在整個解析過程中，JavaScript 可能會透過事件監聽函數對解析過程進行調整和修改。

整個前端頁面的載入過程如圖 10.1 所示 [11]。

在圖 10.1 所示的過程中，涉及的工作可以分為以下兩大類。

■ 資源下載：透過請求下載頁面需要的 HTML 檔案、CSS 檔案、JavaScript 檔案、圖片檔案等。

■ 頁面解析：解析 HTML 檔案、CSS 檔案、JavaScript 檔案等，並進行整合繪製。

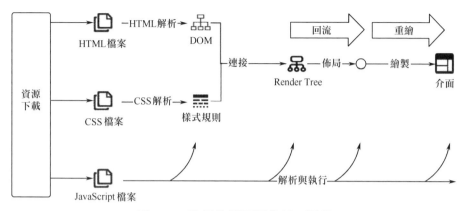

圖 10.1　整個前端頁面的載入過程

在過去的很長一段時間，受網速影響，資源下載過程消耗的時間較長，因此資源下載最佳化一直是前端性能最佳化的重點。近些年隨著網路速度的提升，資源下載過程已經比較迅速。現在使用者對前端介面要求變得更高，需要介面有更酷炫的展示和更流暢的回應，因此前端性能最佳化的重心轉移到了頁面解析過程最佳化。

10.1.2　前端性能分析

要想對前端性能展開最佳化，需要先對前端載入的各個環節進行時間資源和空間資源的分析。許多瀏覽器自身的偵錯工具便可以完成相關的分析工作。

我們以 Chrome 偵錯工具 DevTools 為例介紹前端性能分析工具的使用。

對前端頁面進行性能分析主要基於 Chrome 偵錯工具的 Performance 面板展開。在這裡可以透過時間軸查看網站生命週期內發生的各種事件與執行時期性能。偵錯工具還支持模擬不同網路環境和低速 CPU 下的網站運行情況。

要想進行網頁的性能分析，需要錄製一次網頁的載入情況，然後便可以得到如圖 10.2 所示的性能分析結果。

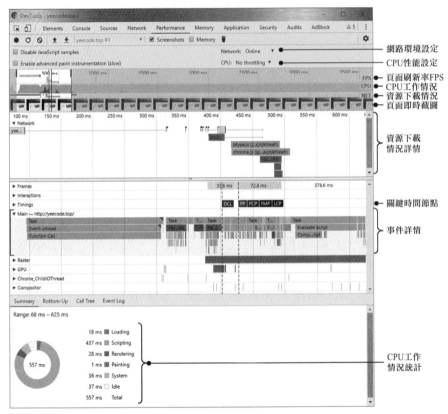

圖 10.2 Chrome 瀏覽器偵錯工具的性能分析介面

在結果的上方會顯示網站的 FPS（Frames Per Second，每秒幀數）。FPS 越高，則頁面刷新越流暢；FPS 越低，則頁面刷新越卡頓。當 FPS 低於 60Hz 時，使用者可能會感受到明顯的卡頓。在這個區域中，下方會顯示 FPS 的長條圖，數值越高則 FPS 越高。而在 FPS 降低區域，會在長條圖上方顯示紅色線條，我們要特別注意這些區域。

刷新率下方顯示的是 CPU 的工作情況，它在時間軸上用不同顏色顯示了 CPU 進行的不同類型的工作以及佔比。在最下方，還對整個運行過程中 CPU 的使用情況進行了統計。

CPU 運行情況下方顯示的是資源下載情況概括圖。如果要進行詳細的網路分析，可以使用下方的 Network 折疊元件中的資料或使用 Network 面板。兩者都詳細記錄了整個網頁中所有資源的下載情況。我們要特別注意下載耗時過長的資源，並根據原因壓縮、拆分等操作。

如果啟用了 Screenshots 設定，介面中還會顯示網頁的截圖。透過這裡可以分析每個時刻頁面元素的展示情況。

在下方的折疊元件中，則可以詳細顯示上方時間軸區域中的資料。舉例來說，Network 元件顯示了資源的下載情況，Frames 元件顯示了頁面框架的繪製情況，Timings 元件顯示了網頁的各個時間節點。其中比較關鍵的是 Main 元件，這裡詳細展示了網頁繪製過程中的各個事件。透過這些情況，我們可以將耗時的操作定位出來，然後有針對性地降低其耗時。

在前端性能最佳化的過程中，通常需要根據瀏覽器偵錯工具列出的分析結果有針對性地對網頁的性能展開最佳化。本章則是介紹一些通用的提升前端性能的方法。

同時我們也要注意，前端性能最佳化並不是一個獨立的過程，而是整個系統性能最佳化的一部分。許多最佳化方法的實施需要後端架構的支持。舉例來說，長連接轉推送、單次載入轉惰性載入等都需要後端升級介面或開發新的介面。

10.2　資源下載最佳化

在網路速度受限、資源數目較多、資源體積較大的情況下，資源下載過程的耗時會佔據前端載入總耗時的大部分。這時，我們需要採取一些方法對資源下載過程進行最佳化。

10.2.1　資源壓縮

資源壓縮是在不減少或在可接受範圍內減少資源資訊量的情況下，減小資源的體積。這可以減少網路上傳輸的資料量，從而縮短資源下載的時間。

在進行 HTTP 請求時，許多不必要的 Cookie 是可以略去的，這正是不要將 Cookie 當作前端快取使用的原因。因為 Cookie 中的資訊會隨著請求發送，增加了請求的資料量。

可以使用影像處理工具對網頁中涉及的 JPEG、GIF、PNG 等圖型資源進行壓縮，具體原理是降低畫素密度，減少色彩資訊等。因為圖片相對都比較大，對圖型壓縮一般能造成很好的效果。

JavaScript 檔案也可以進行壓縮，具體原理為刪除無效字元及註釋、程式語義的縮減和最佳化等，這些操作不僅可以減小檔案的體積，還能降低程式可讀性，造成在一定程度上防止程式失竊用的作用。

CSS 檔案也可以壓縮，但通常效果不顯著。其壓縮過程透過刪除無用字元、合併相同語義的設定等實現。

HTTP 請求本身也支援對回應的內容進行壓縮。如果用戶端支援解壓，則可以在請求標頭中增加 "Accept-Encoding: gzip,compress,deflate" 以表示可以接收壓縮內容的格式。用戶端接收到後，如果支持相關的壓縮格式，則將內容壓縮後發出，並在回應中增加 "Content-Encodin:gzip" 表示回應內容的壓縮格式。用戶端收到內容後，需要解壓後才能使用。

這些壓縮與解壓格式中，gzip 最為常用。gzip 對文字檔具有良好的壓縮效果，通常能壓縮至原大小的 40% 以下。圖 10.3 便展示了一次 HTTP 請求時的內容壓縮。

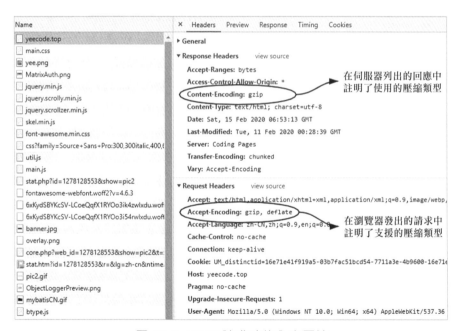

圖 10.3 HTTP 請求時的內容壓縮

一般來說 HTTP 內容壓縮在瀏覽器和伺服器都是預設啟用的。

10.2.2 減少請求

前端在進行資源下載時，需要對每個資源建立 HTTP 連接。HTTP 連接的建立包括請求的發送、三次驗證和四次揮手等過程，該過程也會消耗時間和通訊資源。如圖 10.4 所示，我們可以看到每一個請求的發出與接收都會對應著一段準備時間，即圖中的 Initial connection 對應的時間。

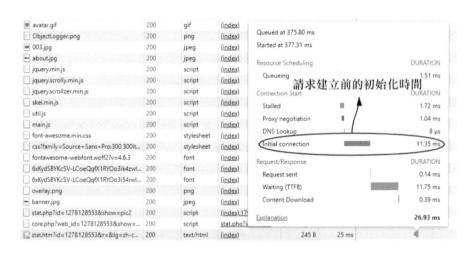

圖 10.4 請求的事件消耗圖

當所要下載的資源數目多、體積小時，頻繁地進行 HTTP 連接帶來的性能損耗會更為嚴重。盡可能地減少請求可以減少這方面的資源浪費，提升前端的性能。

1. 資源合併

許多小圖片可以合併成一張大圖片，典型的是雪碧圖（Sprite），如圖 10.5 所示。在一張大的圖片中包含許多的小圖片，以一張圖片的形式下載，然後在使用時透過偏移（常用的是 CSS 中的 background-position 屬性）使用圖片的不同部分。

圖 10.5 雪碧圖

JavaScript 檔案也可以合併。許多前端工具可以將多個 JavaScript 檔案打包成為一個檔案,便於一次下載完成。

圖片資源也可以直接整合到 HTML 檔案中,以實現在下載 HTML 資源的同時下載圖片資源的目的。這種方式包括:使用 SVG 圖片、Base64 圖片等。

2. 長連接長輪詢與推送

許多場景下,前端需要不斷感知後端的運行狀態。舉例來說,前端透過請求非同步觸發了後端某個耗時的工作,這時前端需要感知後端的工作何時完成。

最簡單的實現方式是前端每隔一段時間發送一個請求來詢問後端的進展,如果每次詢問都需要創建新的連接請求,則會帶來很大的性能負擔。

HTTP 1.1 支持長連接,與短連接不同,在一個長連接中可以完成多次的資訊傳輸,如圖 10.6 所示。

這樣,我們可以前後端建立一個長連接後,前端使用同一個長連接不斷進行後端進度的詢問。

要注意的是,這種長連接的方式在 HTTP 1.1 中是預設的,請求發出時會在 HTTP 請求標頭中附帶 "Connection: keep-alive" 屬性來標示要建立長連接,而如果後端也支持長連接,則會在回應標頭中也帶有 "Connection: keep-alive" 屬性。這樣,建立的連接就是可以重複使用的。如果後端不支持連接，則回應標頭中不含 "Connection: keep-alive"
屬性，那麼該連接會在這次回應結束後關閉。

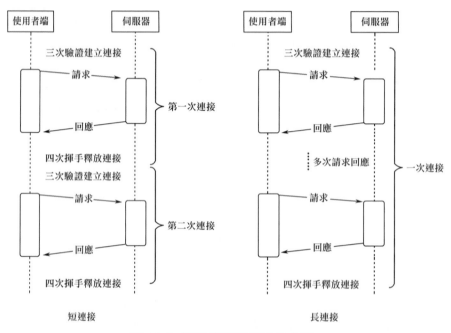

圖 10.6　短連接與長連接示意圖

舉例來説，我們基於 nodejs 使用下面所示程式架設一個後端。在這個
後端中，針對 "/02" 的請求將返回 "Connection: close" 表示當前連接為
短連接，而針對其他路徑的請求都返回 "Connection: keep-alive" 表示當
前連接為長連接。

```
const http = require('http')
const fs = require('fs')

http.createServer(function (request, response) {
    console.log('request :', request.url)
    const image = fs.readFileSync('./01.jpg');
```

```
    if (request.url === '/02') {
        response.writeHead(200, {
            'Access-Control-Allow-Origin': '*',
            'Content-Type': 'image/jpg',
            'Connection': 'close'
        })
    } else {
        response.writeHead(200, {
            'Access-Control-Allow-Origin': '*',
            'Content-Type': 'image/jpg',
            'Connection': 'keep-alive'
        })
    }
    response.end(image)
}).listen(8888)
```

然後在前端我們使用下面程式所示的 JavaScript 程式每隔 5 秒鐘依次發出指向 "/01"、"/02"、"/03" 的三個請求。

```
<script type="text/javascript">
    function queryImage() {
        $.ajax({
            url: "http://localhost:8888/01",
            timeout: 5000,
            complete: function () {
                $.ajax({
                    url: "http://localhost:8888/02",
                    timeout: 5000,
                    complete: function () {
                        $.ajax({
                            url: "http://localhost:8888/03",
                            timeout: 5000
                        });
```

```
            }
        });
    }
    });
    setTimeout(queryImage, 5000);
  }
  window.onload(queryImage());
</script>
```

我們可以在瀏覽器偵錯工具中看到如圖 10.7 所示的結果。可以看出，只要不呼叫到 "/02" 介面，則 Connection ID 是一致的，表明 HTTP 連接是重複使用的。而每次 "/02" 介面用完請求後，Connection ID 都會發生變化，說明連接被關閉。

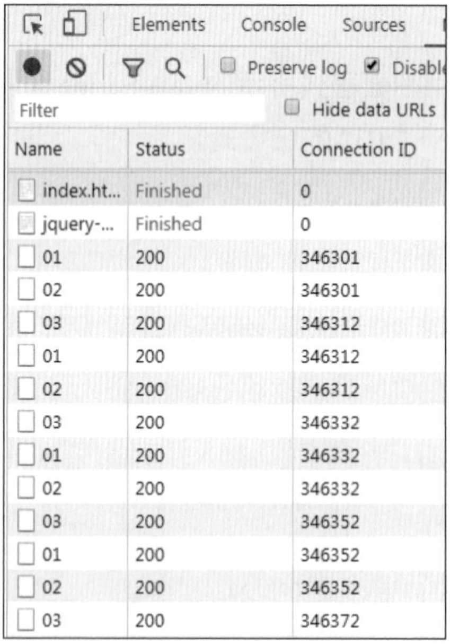

Name	Status	Connection ID
index.ht...	Finished	0
jquery-...	Finished	0
01	200	346301
02	200	346301
03	200	346312
01	200	346312
02	200	346312
03	200	346332
01	200	346332
02	200	346332
03	200	346352
01	200	346352
02	200	346352
03	200	346372

圖 10.7　範例結果

📂 **備註**

該範例的完整程式請參閱 PerformanceDemo 專案（網址 https://github.com/yeecode/PerformanceDemo）中的範例 13。

在使用長連接時，我們要確認後端開啟了長連接設定，以保證能夠使用長連接來避免頻繁地建立與斷開 HTTP 請求。必要時可以透過前端偵錯工具列出的 Connection ID 進行確認。

長連接的存在避免了頻繁地建立 HTTP 請求，但是前後端都要維護一個連接，這也會帶來資源的浪費。更嚴重的是，後端需要不斷地處理前端發來的請求，而這些請求中，大多數會返回相同的結果。為了前端能感知到後端的任務狀態變化，耗費了大量的前後端資源。

還有一種方法能夠進一步減少請求量，那就是長輪詢。長輪詢是指前端發出一個輪詢請求，後端將該請求阻塞住，直到後端狀態發生變化時再將該請求回應給前端。這樣避免了頻繁地進行輪詢操作，但仍然需要前後端維護一個連接。

全雙工通訊的出現使得後端可以主動向前端推送訊息，進一步簡化了上述操作。這樣，前端不需要頻繁輪詢，只需要在接收到後端的推送訊息時展開對應的操作即可。這樣避免了大量的無意義請求。HTML5支援的 WebSocket 就是支援全雙工通訊的技術。

WebSocket 是一種全新的協定，不屬於 HTTP 協定，其協定名為 ws。WebSocket 的實施需要前後端同時支援該協定，它有以下優點：

- 基於 TCP/IP 協定實現，前後端均比較容易支持。
- 支持雙向通訊。前後端均可以主動發送訊息。

- 與 HTTP 協定相容性好，採用 HTTP 協定驗證，能夠透過各種 HTTP 代理伺服器。
- 連接建立之後，之後的雙端通訊不需要再發送 HTTP 請求，節省了頻寬。
- 支援文字與二進位資源的發送。
- 沒有同來源限制，可以實現跨域通訊。

前端實現 WebSocket 非常簡單，其資料接收、連接斷開等操作都基於回呼函數完成，只需要實現這幾個簡單的回呼函數，便可以啟用 WebSocket。下面程式展示了一段前端建立 WebSocket 的範例。

```
// 初始化WebSocket物件，要指明伺服器位址
var ws = new WebSocket("ws://localhost:8888/demo");

// WebSocket建立完成後的回呼函數
ws.onopen = function () {
  // 使用send方法可以向服務端發送資料
  ws.send("資料");
};

// 接收到服務端資料時的回呼函數
ws.onmessage = function (evt) {
  var received_msg = evt.data;
  alert("資料已接收");
};

// WebSocket斷開時的回呼函數
ws.onclose = function () {
  alert("連接已關閉");
};
```

在後端架設 WebSocket 服務也很簡單，我們不再贅述。

最簡單的短輪詢解決了前端獲取後端狀態的問題；長連接則在短輪詢的基礎上減少了 HTTP 請求建立和釋放引發的資源浪費；長輪詢則透過後端阻塞避免了頻繁地進行輪詢請求。而 WebSocket 則透過支持後端發送訊息，徹底解決了前端獲取後端狀態的問題，這種方式更為直接和純粹，避免了無意義的性能浪費。

10.2.3 資源快取

快取是減少資源下載時間的非常重要的途徑。CDN 快取是服務端對靜態資源的快取，能夠減少資源的生成和傳輸時間，我們已經在第 2.1 節介紹過。另外是用戶端本地快取，如 LocalStorage 和 SessionStorage 等，它們能夠直接避免資源的重複查詢，提升前端工作效率，關於這點我們已經在第 7.6.1 節介紹過。

除上述幾種快取形式外，前端常用的一種快取還有頁面快取。頁面快取機制能夠控制用戶端、各級代理、各級交換機等裝置對頁面資源進行快取。

頁面快取的控制由請求標頭或回應標頭中的 Cache-Control 屬性來實現。在此之前，曾經出現過 Expires 屬性，但已經被 Cache-Control 屬性替代。

Cache-Control 屬性可以由用戶端發往服務端，也可以由服務端發往用戶端。兩者的設定項目集合並不相同。Cache-Control 屬性的設定項目可以分為以下幾種，我們在類別中直接標注了該設定項目可以由用戶端或服務端的哪一方或兩方發出。"[請]" 表示只能在請求中發出，"[應]" 表示只能在回應中發出，"[請應]" 表示可以在請求中也可以在回應中發出。

HTTP 標準規定的設定項目如下所示。

- 可快取性
  - public[應]：表示任何接收到請求的裝置都可以快取該資源，包括用戶端、各級代理、各級交換機等。
  - private[應]：表示只能被單個使用者快取，而不能共用快取。如用戶端就屬於單一使用者，可以快取該資源；而代理、交換機等裝置會服務多個使用者，因此不能快取該資源。
  - no-cache[請應]：表示可以快取，但是不允許直接使用快取。使用快取前必須要前往伺服器驗證。
  - no-store[請應]：任何裝置不允許快取該資源。

- 快取有效期
  - max-age=<seconds>[請應]：表示快取可以存活的時長。
  - s-maxage=<seconds>[應]：表示快取可以在共用快取上存活的時長，私有快取會忽略該設定項目。
  - max-stale[=<seconds>][請]：表明用戶端願意接收一個已經過期的資源。後面可以設定一個時長，即用戶端表示資源可以過期，但是過期不可超過該時長。
  - min-fresh=<seconds>[請]：表示用戶端希望獲取一個能在指定的秒數內保持其最新狀態的回應。

- 重新驗證和載入設定
  - must-revalidate[應]：資源過期後，在服務器重新驗證之前，不可以使用該資源。
  - proxy-revalidate[應]：同 must-revalidate，該設定項目僅對共用快取有效。

■ 其他設定項目

* no-transform[請應]：表示不能對資源進行轉換或轉變，典型的是不能壓縮資源圖型。
* only-if-cached[請]：表示用戶端只請求已經快取的資源，而非向伺服器請求新的資源。

透過以上屬性的搭配使用，就可以實現快取的精確設定，如某資源的回應標頭中攜帶 'Cache-Control':'public,max-age=315360000' 表示共用快取和私有快取均可以快取該資源，該資源的存活時間為 315 360 000 秒。

舉例來說，我們在服務端進行下面程式所示的設定。設定中服務端允許所有裝置對路徑為 "/01" 的資源進行快取，而不允許對 "/02" 的資源進行快取。

```
const http = require('http');
const fs = require('fs');

http.createServer(function (request, response) {
    console.log('request :', request.url);
    const image = fs.readFileSync('./01.jpg');
    if (request.url === '/01' || request.url === '/01/') {
        response.writeHead(200, {
            'Access-Control-Allow-Origin': '*',
            'Content-Type': 'image/jpg',
            'Cache-Control':'public,max-age=315360000',
        })
    } else if (request.url === '/02'|| request.url === '/02/'){
        response.writeHead(200, {
            'Access-Control-Allow-Origin': '*',
```

```
        'Content-Type': 'image/jpg',
        'Cache-Control':'no-cache'
    })
  }
  response.end(image)
}).listen(8888);
```

然後使用下面程式所示的方式每隔 5 秒請求上述兩個資源。

```
<script type="text/javascript">
    function queryImage() {
        $.ajax({
            url: "http://localhost:8888/01",
            timeout: 5000,
        });
        $.ajax({
            url: "http://localhost:8888/02",
            timeout: 5000
        });
        setTimeout(queryImage, 5000);
    }

    window.onload(queryImage());
</script>
```

範例可以得到如圖 10.8 所示的結果。可見前端一直透過網路獲取資源
"/02"，而只有第一次透過網路獲取資源 "/01"，之後均透過快取讀取資
源 "/01"。

要注意，在進行此範例時，一定要關閉瀏覽器偵錯工具的 "Disable
cache" 選項，否則瀏覽器將不會快取資源。

圖 10.8 範例結果

📁 備註

該範例的完整程式請參閱 PerformanceDemo 專案（網址 https://github.
com/yeecode/PerformanceDemo）中的範例 14。

頁面快取也會引入一些問題，典型的問題就是更新不及時。在用戶端
或代理伺服器存在快取的情況下，伺服器的更新無法及時回饋給使用
者。該問題的解決想法有兩種：第一種是更新檔案名稱使得每次更新
都產生新檔案；第二種是後端驗證快取有效性。

使用更新檔案名稱的方式時，網頁主入口的 index.html 檔案名稱是固定
的，而它連結的檔案的名稱則是在打包時隨機生成的。index.html 檔案
不允許被快取，而它的連結檔案可以被快取。網頁被重新部署之後，
用戶端存取時會去獲取 index.html 檔案，而連結檔案則是從未被快取過
的具有新名稱的檔案，於是用戶端也會去請求這些檔案。這樣，透過
更改檔案名稱的方式使得原有的快取檔案故障。

使用後端驗證快取有效性時，後端可以在 Cache-Control 屬性中設定
no-cache。這樣，雖然用戶端可以快取資源，但是必須要經過伺服器驗

證後才能使用資源。服務端驗證的實現可以基於檔案的最後修改時間或資源版本編號進行。

基於最後修改時間驗證時，服務端會在發出資源時在回應標頭中攜帶 Last-Modified 屬性，其中寫明了該資源最後被修改的時間。用戶端在驗證資源時，需要在請求標頭中增加 If-Modified-Since 屬性，為快取資源的最後修改時間。服務端收到後，如果與當前最新資源的最後修改時間一致，則返回 304 狀態碼，不返回資源，這樣用戶端可以直接使用快取的資源；如果與當前最新資源的最後修改時間不一致，則返回 200 狀態碼並返回資源。

基於資源版本編號的驗證方式與基於最後修改時間的驗證方式類似，只是伺服器會在發出資源時在回應標頭中攜帶 Etag 屬性，其中寫明了資源的版本編號。用戶端在驗證資源時在請求標頭中增加 If-None-Match 屬性，值為快取的資源的版本編號，然後服務端基於版本編號進行驗證。

相比於 Last-Modified，Etag 更為有效。因為一個檔案可能被多次生成，但其實內容沒有發生變化。Etag 可以準確地反映檔案變化。

後端驗證快取有效性的方式，無論如何都要進行一次前後端的互動，只是互動的過程中可能不需要下載資源。

在實踐中，可以將更新檔案名稱和後端驗證快取有效性這兩種方式結合起來使用。使用後端驗證快取有效性的方式驗證 index.html 檔案，而使用更新檔案名稱的方式使得其他檔案的快取故障。這樣既能保證請求資源的資料量小，又能保證前端及時感知到後端的變化。

10.3　頁面解析最佳化

當頁面中包含複雜的顯示元素，或頁面元素需要進行高頻率的變動時，對頁面解析過程進行最佳化則顯得十分必要。不然頁面會出現卡頓，影響使用者體驗。

對頁面解析過程進行最佳化的方法主要有兩個：順應解析流程和應用新型前端框架。

10.3.1　順應解析流程

在第 10.1.1 節中我們介紹了前端的載入流程。我們可以根據前端載入流程調整前端程式，以提升整個載入過程的效率。

典型地，我們應該將 CSS 檔案的引用放在 HTML 檔案的頭部，以便於在 DOM 樹解析時開展 CSS 檔案的下載過程，並儘快展開 CSS 檔案的解析。另外，如果 CSS 檔案包括內嵌樣式和外聯樣式，則應該先引用外聯樣式，以便於外聯樣式檔案被非同步下載。

JavaScript 檔案應該放在 HTML 檔案的尾端。因為瀏覽器在遇到 JavaScript 檔案時會運行它，從而暫停了 DOM 的解析過程。同樣地，如果存在外聯的 JavaScript 檔案還內嵌的指令稿，則最好先引用外部檔案。

在頁面解析過程中，有兩個操作格外消耗性能，即回流（reflow）和重繪（repaint），這兩個過程如圖 10.9 所示。

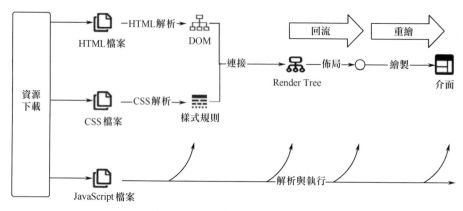

圖 10.9 回流與重繪示意圖

網頁的頁面預設採用流式佈局方式，這表示任何元素的大小、位置變動都會對後面元素、內部元素的位置造成影響。當某個元素的大小、位置資訊發生變動後，重新計算全域各個元素位置的過程叫作回流。這個過程對性能的消耗很大。當回流發生時，後面一定緊接著重繪。

當頁面元素的位置、樣式等發生變化時，需要重新將頁面元素繪製和展示出來，這個過程叫作重繪，也會消耗很大的性能。

為了實現頁面的動態回應，回流和重繪是不可避免的。當我們在頁面中改變元素大小、邊距、定位方式，使用指令稿增刪 DOM，觸發偽類別狀態改變等操作時，都會引發回流與重繪。但是我們可以儘量減少它們發生的次數或縮小它們的範圍。

舉例來說，在頁面初始化時，儘量確保 HTML 和 CSS 列出的頁面是正確的，而不要頻繁使用 JavaScript 修改頁面元素。如果頁面中存在頻繁變動的區域，則應保證該區域的大小、邊距、定位方式不變，從而將回流和重繪限制在該區域內，而非將其擴散到整個頁面。當頻繁變動一組元素時，可以先將其父級元素置為 "display:none"，從而將其從呈現樹中剔除。而等變動結束後，再將父級元素置為可見，這樣只會觸發一次回流。

10.3.2 應用新型前端框架

當一個 DOM 發生變動時，一種更好的辦法是直接將 DOM 修改成最新的狀態，而非將 DOM 刪除後再重建。因此，設計一種高效的 DOM 的比較演算法，並根據比較結果修改 DOM，對於提升前端的整體效率十分有意義。

基於這種思想，出現了虛擬 DOM（Virtual DOM）。虛擬 DOM 不是瀏覽器的真正 DOM，而是前端框架能夠操作的 DOM。基於虛擬 DOM，前端框架可以採用更優的策略進行新舊 DOM 的比較、修正，然後將虛擬 DOM 的結果更新到視圖上。大大提升了前端繪製的效率。

目前，許多新型前端框架都引入了虛擬 DOM，如 React、Vue、Angular 等。我們可以使用這些框架以獲得前端性能上的提升。

10.4 惰性載入

惰性載入是提升前端性能的非常有效的方法，它既能夠最佳化資源下載又能夠最佳化頁面解析。

具有惰性載入功能的頁面在第一次載入時僅載入最基礎的元素，之後則根據使用者操作進行局部的載入。將原本一次性下載的內容拆分成了多次，減少了每次下載資源的數量和耗時。

具有惰性載入功能的頁面展示的只是部分元素，當出現回流和重繪時只涉及展示出來的元素。這樣，減少了操作的元素的數目，提升了頁面的性能。

惰性載入可以使用在很多場合，典型的是頁面惰性載入。在第一次載入時，只載入部分長度的頁面，而隨著頁面的捲動再不斷載入後續介面。也可以用在樹狀元件、折疊面板、標籤頁等處，等到展開到對應的樹節點、展開對應的面板、切換到對應的標籤頁時才展示其中的內容。

10.5 預操作

許多前端頁面在邏輯上是連續的，即使用者在存取某個頁面時，大機率是透過某個頁面跳躍而來的。基於頁面之間的這種相關性，我們可以進行預操作。

DNS 預解析（DNS prefetch）是一種常見的預操作。在第 2.1.2 節中我們已經了解到 DNS 解析可能涉及多級 DNS 伺服器的遞迴查詢，是一個比較長的流程，可能會花費較長的時間。

如果某個頁面的下一個頁面會涉及一個新的域名（通常可能是圖床等外部資源的域名），則我們可以在這個頁面先完成對新域名的解析，而在下一頁面直接使用預解析之後的結果。

在網頁 Head 節點中嵌入下面程式所示的片段，可以為後續頁面完成域名的預解析。

```
// 打開DNS預解析
<meta http-equiv="x-dns-prefetch-control" content="on">
// 預解析DNS
<link rel="dns-prefetch" href="//yeecode.top">
```

更進一步地，我們可以進行資源的預先載入，典型的有 preload 操作和
prefetch 操作，以下面程式所示。

```
<link rel="preload" href="about.js">
<link rel="prefetch" href="more.jpg">
```

這兩者語法相似，但是場景卻截然不同。

preload 針對於當前頁面。如果當前頁面有一個資源比較大，那麼我們
可以使用 preload 引用它。這樣網頁會在資源下載過程中優先下載它，
從而提升該頁面的載入速度。

prefetch 針對於下一頁面。如果下一頁面存在一個比較大的資源，那麼
我們可以在當前頁面使用 prefetch 引用它。這樣，瀏覽器在處理完當前
頁面的工作而閒置時會提前下載該資源。當我們進入下一個頁面時，
該資源便不需要下載。

所以，preload 操作可以縮短當前頁面的資源下載時間，而 prefetch 操
作可以縮短下一頁面的資源下載時間。

預操作不僅可以針對資源下載操作開展，也可以針對頁面解析開展。
當存在一個複雜的顯示介面時，我們可以在頁面中以不可見的形式預
先繪製繪製，而在需要時直接展示出來。

透過這些預操作，可以統籌協調資源下載和頁面解析的時機，分散網
路請求壓力和計算壓力，提升前端系統性能。

架構設計理論

在第 1 章中我們介紹了架構的概念，而基於架構的軟體設計（Architecture-Based Software Design，ABSD）身為自頂向下、逐步細化的軟體設計方法，便要求在軟體開發之前對軟體的架構進行設計。基於架構的軟體設計保證了軟體系統在開發、演化過程中具有清晰、穩定的架構。

架構設計的開展需要對資訊系統與網路基礎知識、軟體架構風格及其特性、軟體品質指標及其提升方法、軟體開發生命週期等知識有比較全面的了解。其中軟體架構風格描述了不同領域下軟體系統的組織方式的慣用模式，這些模式將幫助我們高效率地設計出成熟完整的系統；軟體開發生命週期則讓我們對軟體開發的流程具有整體性的認識，指導我們進行軟體系統開發的全過程。

在這一章，我們將對軟體架構風格、軟體開發生命週期進行詳細的介紹。這些知識將為第 12 章的專案架構實踐打下基礎。

11.1　軟體架構風格

軟體架構風格描述了特定領域中系統組織方式的慣用模式,它包括了一組元件、連接件和這些元件、連接件之間的組織方式。根據軟體架構風格的指導,我們可以將這些元件、連接件組織成一個完整的系統。

我們可以把軟體架構風格了解為特定領域的架構重用經驗。掌握好軟體架構風格,能幫助我們在進行軟體架構設計時解決一些問題和避免一些錯誤,提升軟體系統的成熟度。

在架構設計中,每個軟體可以同時採用多種架構風格。舉例來說,軟體系統的整體結構採用某種架構風格設計,而系統的幾個模組卻採用另一種風格進行組織,某個模組內部採用第三種架構風格完成架設等,這都是十分普遍的。

能夠在軟體的不同模組選用不同的架構風格是軟體架構師的一項基本技能。掌握這項技能的前提是熟悉常用的軟體架構風格。下面我們對常見的軟體架構風格介紹。

11.1.1　管道篩檢程式架構風格

管道篩檢程式風格中主要定義了一組包含輸入輸出和處理功能的元件。不同的元件接收的輸入資料、列出的輸出資料、進行的處理功能可能各不相同,但只要把它們串聯在一起,便組成了一個具有完整功能的系統。

圖 11.1 便展示了一個管道篩檢程式架構風格。輸入資料經過各個元件的處理後最終輸出。

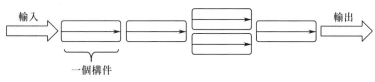

圖 11.1 管道篩檢程式架構風格

管道篩檢程式風格十分適合完成模組化處理、流式處理等工作。UNIX
系統中的管道 "|" 就採用了這種風格，基於管道我們可以組建連接出處
理能力豐富的函數。業務審核系統等許多系統也常採用這種架構風格。

11.1.2 物件導向架構風格

物件導向架構風格是目前應用十分廣泛的一種架構風格，它將軟體系
統抽象為許多高內聚、低耦合的類別，並可以實例化類別得到物件，
然後透過物件之間的連接組成完整的系統。

在這種架構風格中，每個物件都可以完成一定的功能，而物件之間也
可以透過繼承、呼叫等關係進行連結。最終，這些連接在一起的物件
共同協作，完成一定的功能。圖 11.2 列出了物件導向架構風格。

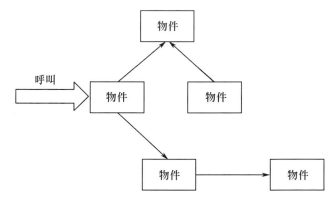

圖 11.2 物件導向架構風格

物件導向的架構風格透過將功能模組抽象為類別和物件，並在類別、物件之間引入繼承、實現、多載、重新定義等方法，使得功能模組的管理更為清晰，有利於實現模組的高內聚、低耦合，十分適合實現龐大的系統。

11.1.3　基於元件的架構風格

基於元件的架構將應用拆分成為可重用的元件，每個元件具有極高的內聚性，僅對外曝露一些操作介面。然後透過類似搭積木的方式使用各個元件架設出一個完整的系統。

使用這種架構風格時，元件不一定是自己開發的，還可以採用團隊內部甚至網際網路上成熟的元件，這減少了系統開發的工作量。而每一次系統中開發出的元件可以整理後存檔以備後續使用。因此這種架構風格有利於累積元件以提升後續系統的開發速度。

11.1.4　事件驅動架構風格

事件驅動架構風格是指元件不去主動呼叫另一個元件，而是透過廣播事件來觸發其他元件。當一個元件被觸發時，會根據觸發事件的不同執行對應的操作。

事件驅動架構風格有助簡化複雜的呼叫關係。舉例來說，HTML 中的 DOM 便使用了事件驅動架構風格，當一個按鈕被點擊時，其所有父級物件都會接收到對應的事件資訊，然後各自觸發不同的行為。

11.1.5 分層架構風格

分層架構風格是將軟體系統劃分為不同的層級，每個層級基於下層層級完成自身功能，並向上層層級提供服務，如圖 11.3 所示。

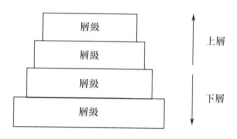

圖 11.3 分層架構風格

這種架構風格透過層級劃分降低了每個層級的複雜度，實現了層級之間的職責分離。同時也便於實現下層層級功能的重複使用。典型地，OSI 模型就採用了分層架構風格，將整個資訊系統互聯參考模型從上往下劃分為應用層、展現層、會談層、傳輸層、網路層、資料連結層和物理層。上層呼叫下層完成功能，而基於同樣的網路層在傳輸層實現了 TCP、UDP、SPX 等多種協定。

11.1.6 C/S 架構風格

C/S 架構風格即用戶端 / 伺服器架構風格，這是一種十分基礎的架構風格。在 C/S 架構風格中，多個用戶端連線同一個服務端，共用服務端的服務，如圖 11.4 所示。

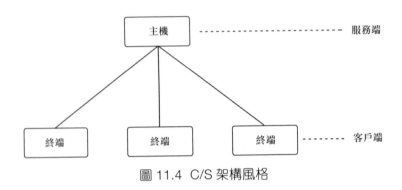

圖 11.4 C/S 架構風格

C/S 架構風格為解決服務端核心資源缺乏問題而誕生，在這種架構風格下，系統分為服務端、用戶端兩層，服務端可以提供計算、儲存等核心資源，而用戶端則只需要提供輸入和輸出功能。

在 C/S 架構風格中，用戶端完成的主要工作有：

- 向服務端發送資料，接收服務端發來的資料。
- 對使用者輸入的資料進行處理，對服務端發來的資料進行處理。
- 提供使用者操作介面，展示服務端的資料，接收使用者輸入。

服務端完成的主要工作有：

- 接收用戶端發來的資料。
- 根據用戶端操作請求完成資料庫的讀寫操作。
- 負責資料庫的安全性、併發性等工作。

C/S 架構風格將一個軟體系統分離為用戶端、服務端，使得兩者可以運行在不同的軟硬體平台上，提升了系統的開發效率。但也存在一些弊端：

- 用戶端程式開發複雜，且顯示的內容枯燥，往往是資料庫內容的直接展示。

- 用戶端程式可能和運行平台綁定，難以遷移。
- 用戶端程式升級複雜，往往需要維護人員人工一個一個升級。

11.1.7 三層 C/S 架構風格

三層 C/S 架構風格是對 C/S 架構風格的升級。這種風格增加了一個應用伺服器，從而組成了如圖 11.5 所示的結構。

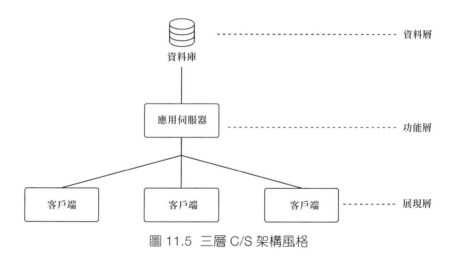

圖 11.5 三層 C/S 架構風格

應用伺服器的引入讓原本兩層的 C/S 架構風格變成了三層：資料層、功能層和展現層。這樣，用戶端作為展現層僅負責資料的表示、使用者輸入的接收即可，而功能層則可以完成應用中的邏輯計算處理。這種設計減小了用戶端的功能負擔，因此這種架構也被稱為「精簡型用戶端」。而原來的兩層 C/S 結構，用戶端還要完成資料處理工作，因此也被稱為「笨重用戶端」。

現在有許多的系統都採用這種三層 C/S 架構風格，常見的 Android App、IOS App、許多桌面軟體都是用戶端，它們主要負責完成資料表

示工作和提供使用者操作介面,並透過網際網路連線應用伺服器。應
用伺服器完成主要的業務邏輯,伺服器後方的資料庫則作為資料層完
成資料的持久化工作。

三層 C/S 架構風格中,資料層、功能層是集中部署的,可以很方便地
進行升級。展現層由於簡化了功能,其開發難度降低,操作介面也可
以更為友善。但是,用戶端的升級仍然需要一個一個進行,實施成本
較高。

11.1.8 B/S 架構風格

B/S 架構風格即瀏覽器 / 伺服器風格,可以看作三層 C/S 架構風格的一
種特例或是一種升級。它的結構和三層 C/S 結構相似,只是用戶端變
成了瀏覽器,如圖 11.6 所示。

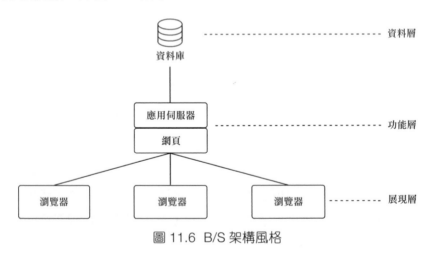

圖 11.6 B/S 架構風格

B/S 架構風格帶來的重大升級就是真正實現了無用戶端運行。展現層以
網頁的形式存放於伺服器上,當使用者需要操作時,會從伺服器上請
求網頁,然後網頁會提供資料表示和使用者介面。這帶來了諸多優點:

■ 如果要對展現層進行升級，只需要升級伺服器上的網頁即可，而不需要一個一個升級用戶端。這大大地降低了系統的升級成本。

■ 網頁的開發規範統一，實現難度較低。

■ 網頁具有很強的可遷移性，可以在桌面作業系統、Android 系統、IOS 系統及許多嵌入式系統上運行。

當然，相比於兩層或三層的 C/S 架構風格，B/S 架構風格也有一些缺點。舉例來說，其無法採用更強的安全驗證方法，因而安全性較差、資料傳輸中包含網頁元素從而使得回應時間較長等。在使用時，可以將 C/S 架構風格和 B/S 架構風格結合使用。舉例來說，一些金融類別軟體，既基於 C/S 架構風格提供一些安全性較高的功能複雜的專業用戶端，也基於 B/S 架構風格提供一些便利性高、功能簡潔的網頁。

11.2　軟體生命週期

軟體的生命週期是指軟體從需求產生到定義、設計、規劃、開發、使用、廢棄的全過程。軟體生命週期的各個環節並不是單向流動的，一個進入設計階段的軟體可能重新進入需求階段進行需求變更，一個進入使用階段的軟體可能重新進入設計階段進行功能的增加或修正。[12]

了解軟體生命的全週期有助把握清楚架構設計階段的定位。而架構設計階段也包含了許多子階段，如模型設計、概要設計、詳細設計（包含資料層設計、中間層設計、表現層設計、物件導向設計等）、可行性研究等，其間還穿插著功能性設計、效率設計、相容性設計、便利性設計等各個品質指標的設計。

整個架構設計過程也是一個循環往復、螺旋上升的過程,而沒有固定不變的執行步驟。

圖 11.7 向我們展示了軟體生命週期中的各個環節。

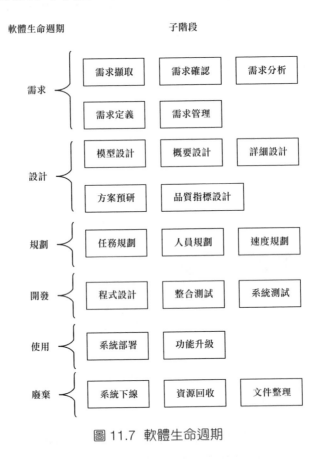

圖 11.7 軟體生命週期

圖 11.7 只展示了軟體生命週期的通用形式,不同領域內的軟體可能有不同的生命週期,我們在進行軟體設計開發時,需要根據實際情況選擇並有側重點地完成開展各個環節。

接下來我們將著重介紹幾個和軟體架構設計連結度較高的階段。

11.2.1 需求階段

需求階段是用來確定要開發軟體的各方面品質指標，包括軟體的功能、性能、便利性、可靠性等各個維度。需求階段具體可以分為需求擷取、需求定義、需求確認、需求分析、需求管理等幾個子階段。

在需求擷取階段，可以從使用者、原有舊系統、同類產品、領域專家等處獲得對軟體的需求，具體方法包括文件閱讀、使用者訪談、問卷調查、實地觀察、會議討論等。

擷取到的需求需要透過編寫軟體需求說明書（Software Requirements Specification，SRS）的方式定義下來。編寫軟體需求說明書時，儘量保證描述清晰，使得各個關係人容易了解。在需求定義之後，可以再找各個關係人確認，以確保擷取到的需求是正確的。

需求被確認之後，可以開展需求分析工作。從擷取和確認的需求中提煉出專案的完整的需求資訊。在這個階段中，可以進一步地修改軟體需求說明書，並再次找關係人確認需求。

在需求階段結束之後，關於需求的工作卻不能停止。在軟體的定義、設計、開發等各個階段還需要不斷地對需求進行追蹤、管理，以確保所有需求按照一定的優先順序被完成。

11.2.2 模型設計

在軟體的需求被定義和分析完畢之後，需要進入軟體的模型設計階段。

模型設計階段是一個容易被忽視的階段。當軟體比較簡單或所涉及的領域十分成熟時，可以直接跳過該階段進行軟體系統的概要設計。而當軟體比較複雜時，在概要設計之前進行模型設計是十分必要的。模型設計旨在為軟體尋找合適的理論模型，並使用理論模型指導軟體設計、開發、使用等各個階段。

如果一個軟體在設計之初就確立了模型，這表示該軟體的各個功能至少在理論上是可達成的，這會給後續的概要設計、詳細設計、方案預研等各個階段帶來信心。同時，理論模型也可以幫助我們定位、解決軟體設計開發過程中的問題，有助提升軟體的各個品質指標。

舉例來說，關聯式資料庫便是在關聯代數的模型基礎上發展而來的，這使得我們可以用關聯代數的並、差、交、笛卡爾乘積、投影、選擇、連接等運算來指導關聯式資料庫的設計，並在遇到問題時使用這些關聯代數知識來解決。巨量資料處理引擎 Spark 是以有向無環圖（Directed Acyclic Graph，DAG）為模型設計出來的，這使得 Spark 從模型層面便具有了平行作業、容錯等能力。

由於每個專案的特殊性，在進行模型設計時，可能很難找到一個完全合適的模型。這時便需要對模型進行演化，以使模型適應專案需求。因此，通常可以把模型設計分為模型調研和模型應用兩步。

在模型調研階段，我們需要從需求出發，盡可能對相關的模型展開全面調研。調研時著重分析各個模型的實現原理、異同、優缺點、實現難度、與需求的契合度。並根據以上分析選擇一個或幾個合適的模型。

在模型應用階段，我們要根據需求對選中的模型進行推導、演化、組合，用這些模型來解決需求中定義的問題。在這一步中，最關鍵的是要在模型的普適性簡潔性和需求的特殊性之間尋找到一個合適的平衡點。

11.2.3 概要設計

概要設計階段是在需求、模型的基礎上，將軟體系統抽象成模組，然後設計出各個模組及模組之間的關係。

在這一階段中，可以首先根據需求和模型選擇合適的軟體架構風格，然後根據架構風格的指導展開設計。在設計的過程中還要不斷地對已有方案進行可行性、操作性、經濟性等各方面的分析，並根據分析結果不斷修正概要設計方案。

概要設計階段要在抽象化的基礎上進行，而不要拘泥於實現細節。在整個過程中可以採用自頂向下的方式，並注意提升各個模組的內聚性，以便為後續的詳細設計減少障礙。

11.2.4 詳細設計

在概要設計結束之後，可以在此基礎上展開詳細設計。詳細設計是為了完成模組內和模組間的細節設計。一般來説詳細設計包括資料層設計、中間層設計、表現層設計、物件導向設計等。

在資料層設計階段需要進行資料庫選型、資料庫操作規劃、資料表設計等。在這一階段可以使用資料庫設計範式來指導設計，也可以參照物件導向設計方案來不斷地修改設計。在資料表設計過程中，還常常借助 E-R 圖（Entity Relationship Diagram，實體一關聯圖）等工具作為設計過程的輔助。

中間層設計階段包括程式語言與框架的選擇、元件的選擇、演算法的設計等。在這一過程中，往往使用物件導向的程式設計方式，因此會需要進行物件導向設計。在進行物件導向設計時，可以借鏡各種設計

模式，並使用 UML（Unified Modeling Language，統一模組化語言）
來輔助設計過程。

表現層設計階段包括平台的選型、展現方式的選擇、介面風格的確
立、頁面元素的設計等。在整個系統中，表現層與客戶關係最為密
切，而客戶也能透過表現層直觀地感受整個系統的功能。因此，在這
一設計階段可以邀請客戶進行多輪的回饋。

詳細設計階段是概要設計階段的進一步細化和延伸。在詳細設計階段
如果遇到一些無法解決的問題，可以回溯到概要設計階段，透過重新
進行概要設計來解決，甚至可能回溯到模型設計階段重新選擇模型。

11.2.5 品質指標設計

品質指標設計是指標對各個品質維度指標不斷修改設計方案，從而使
得軟體在各個品質維度達到既定的要求。

軟體品質的各個維度的指標可能是互相限制的。如功能性的完善可能
會使得軟體更為複雜，而導致便利性的下降；軟體可攜性的提升可能
會引入虛擬機器，從而導致效率的下降。因此，軟體品質指標設計的
過程往往不是一個針對單一指標進行提升的過程，而是一個在多個指
標間衡量取捨的過程。這時需要架構師根據需求在各個維度指標間做
好抉擇。

品質指標設計不是一個單獨的步驟，而是貫穿在模型設計、概要設
計、詳細設計的各個環節中，並且隨著設計階段的推進不斷往復修改。

11.2.6 方案預研

架構設計列出的軟體系統方案應該是可實施的、可達到指標要求的。為了保證這兩點，可能會需要在軟體架構設計的過程中進行一些方案預研工作。

方案預研是對方案中的關鍵點進行預研，這些關鍵點如下所示。

- 技術困難：方案中的技術困難能否攻破是方案能否順利實施的關鍵。對技術困難進行預研能夠幫助我們判斷方案是否可行，並列出可行性方案。

- 與核心品質維度指標相關的技術點：對這些技術點進行預研，能幫助我們判斷當前方案是否能夠達成品質維度指標的要求，有助我們進行方案的選擇。

方案預研的實施有助降低軟體開發失敗的風險、衡量軟體開發過程中所需的工作量、預知軟體成品的品質維度指標，對軟體開發的順利、如期、及格完成提供了重要的保證。

11.2.7 軟體開發

軟體開發是在軟體系統的部分模組詳細設計完成後開始的，成熟的軟體開發團隊往往都可以做到這一點。然而當個人或小團隊進行軟體專案開發時，則一定要壓抑心頭的衝動，不要在接到需求後跳過設計階段直接進行開發。跳過設計階段而直接開發往往會使得開發過程中不斷返工，導致軟體品質下降、工作量增加。

軟體開發階段主要以詳細設計結果為依據展開，開發過程中要做好專案的進度、成本、範圍管理，並將開發進度回饋到需求管理中。從而保證軟體開發以預估的進度按照計畫進行。

在軟體開發的過程中還要貫穿測試，做到測試過程與開發過程同步規劃和同步實施。

Chapter

12

高性能架構實踐

在前面的章節中，我們對提升軟體性能的各種架構方式進行了介紹，包括分流、服務平行、運算併發、輸入輸出設計、資料庫設計與最佳化、快取設計、可靠性設計、應用保護、前端高性能等，並且還介紹了軟體架構的基本概念和相關知識。

作為一本理論指導實踐的架構書籍，我們將在這一章應用前面各章節的知識完成一個實際的專案。

在本章中，我們將首先提出一個高性能軟體的需求，然後根據需求完成軟體的架構設計工作。在架構設計中，將經歷模型設計、概要設計、詳細設計等各個階段，並在各個階段中著重提升系統的性能指標。最終列出一個符合需求的軟體設計方案。

當然，作為一個單一的實踐專案，不可能覆蓋前面章節的各個基礎知識。因此，主要是希望大家透過這個專案學習到在實踐中融匯、演化、應用高性能架構知識的方法和技巧。

12.1 需求概述

許可權模組是許多系統的組成部分,它對進入系統的操作請求進行鑑權,並根據鑑權結果對請求進行放行或攔截處理,整個工作過程如圖 12.1 所示。

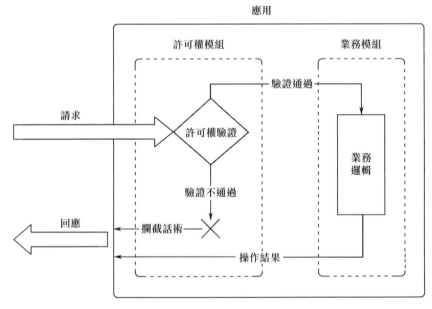

圖 12.1 許可權模組的工作過程

許可權模組往往需要具有極高的性能,這是由許可權模組的工作性質決定的。

■ 操作請求可能會觸發不同的業務邏輯,因此不同的業務模組可以分流操作請求帶來的壓力。但是這些請求都會經過許可權模組,這使得許可權模組的併發很高。

- 任何請求在觸發業務邏輯前都需要經過許可權模組的鑑權，如果許可
  權模組回應時間過長或併發數過低，則會導致整個系統的回應時間變
  長、併發數變低。

可見，許可權模組的性能高低直接影響整個應用的性能，因此需要對
它進行高性能的架構設計。

既然許多應用都需要高性能的許可權模組，那我們能否將許可權模組
抽象出來，做成一個統一的、獨立的、高性能的、便於業務應用連線
的許可權系統呢，如圖 12.2 所示。

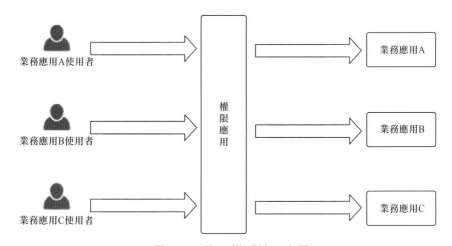

圖 12.2 許可權系統示意圖

如果圖 12.2 所示的許可權系統可以實現，那我們在設計業務應用時便
不需要設計和開發許可權模組，而只需要連線許可權系統即可。將大
大提升我們的應用程式開發效率，也有助提升我們應用的性能。

但同時我們也要意識到，一個許可權模組的性能指標尚且非常高。要
想實現一個統一的、獨立的、高性能的、便於業務應用連線的許可權
系統一定更為複雜。

為了保證該應用具有高性能，我們為這個許可權系統提出以下需求指標。

- 時間效率高：該應用必須在短時間內完成各個請求的判權工作。具體地，要求判權操作最多查詢一次資料庫。

- 容量高：該應用必須支援多個業務應用的連線、支援許多請求的併發、具有極高的吞吐量、承載大量的許可權資料。要承擔 100 個業務應用連線、支援每個應用每秒 10 萬判權操作、每個應用 5 萬個許可權項。

- 可用性高：該應用應該極少當機，以保證連線的業務應用可以正常對外提供服務。支持主備切換、叢集擴充。

- 容錯性高：該應用必須在部分軟體、硬體出現故障時正常對外提供服務。應用任何一個模組獨立當機均不影響業務請求的判權。

- 可恢復性高：該應用必須在發生故障時快速恢復服務。只要外部硬體、基礎軟體系統恢復，則應用可在 1 分鐘內恢復。

除了以上的性能要求外，為了使得許可權系統更為普適、好用，我們列出其他方面的要求，如下所示。

- 功能完善：該應用必須能夠完成完整的許可權管理和鑑別功能。

- 相容性高：該應用必須要具有較強的相容性，以適應不同需求的業務應用連線。

- 便利性高：該應用必須盡可能地容易使用，如可以快速部署和啟動。

- 安全性高：該應用必須具有一定的措施防止許可權資訊被篡改，防止鑑權操作被繞過、破解。

- 可維護性高：該應用必須容易修改可擴充。

- 可攜性高：該應用必須能夠適用盡可能多的軟硬體資源。

顯然，要實現這樣的許可權系統必須要對它進行高性能的架構設計。

接下來，我們將用前面章節介紹的相關高性能架構知識，在本章一步步完成該許可權系統的架構設計工作。

在開展高性能架構之前，我們先給該應用起一個合適的名字 —— MatrixAuth。

📁 **備註**

許可權系統的工作涉及主體、客體、行為三個維度，如同一個矩陣；多個業務應用連線許可權系統獲取服務，縱橫相連也組成了一個矩陣式的結構。以上兩點是我們將這個系統命名為 MatrixAuth 的原因。

不僅是完成架構設計，我們也會開發實現這個系統，並將其原始程式在 GitHub 上開放原始碼共用，供大家交流、學習、使用。網址為：https://github.com/yeecode/MatrixAuth。

12.2 許可權系統的相關理論

在開始 MatrixAuth 的設計之前，需要先對許可權系統的相關理論進行調研學習。這有助我們了解許可權系統的實現原理，並給我們的架構設計提供指導。

許可權系統的相關理論主要包括許可權模型和存取控制方式。許可權模型介紹了許可權系統的資料結構、實現演算法。存取控制方式介紹了許可權系統中許可權的管理、分發方式。

12.2.1 許可權模型

在系統的設計、開發、使用中，我們經常會接觸到許可權系統。那許可權系統是如何開展工作的呢？我們從許可權系統的三要素說起。

- 主體：某項操作的發起方，通常會被稱為使用者，但也可能是某個模組、子系統、系統。
- 客體：被操作的物件，可以是一筆記錄、一個資料、一個檔案等。
- 行為：主體對客體展開的操作的具體類型，可以是執行、刪除、複製、觸發、讀、寫等。

以上三者組成了一個「主動賓」結構，從而可以完整地描述某件事情。而主體、行為、客體則分別對應了這件事情中的主語、動詞、賓語。如「管理員刪除記錄 o」，在這個操作中，主體是「管理員」，行為是「刪除」，客體是「記錄 o」。

許可權系統則是給上述「主動賓」結構描述的操作列出一個能否執行的判斷。如果列出的判斷是「是」，則代表鑑權通過，該操作可以執行；如果列出的判斷是「否」，則代表鑑權不通過，該操作不可以執行。

如果用 m 表示主體，a 表示行為，o 表示客體，r 表示操作是否可以執行的判斷結果，則許可權系統的工作過程 f 可以用下面的式子表示：

$$r = f(m, a, o)$$

在實際使用中，上述式子可能會有很多變形，但是其本質是不變的。

許可權模型就是從模型層面來解決如何表示、儲存、實施上述 $r = f(m, a, o)$ 函數的問題。或換一種說法，許可權模型是在透過資料結構和演算法列出一個問題的是或否的答案，這個問題是：當前主體是否可以對當前客體展開當前的行為？如果許可權模型列出的答案是「是」，表示該操作需要被放行；如果許可權模型列出的答案是「否」，表示該操作需要被阻止。

有兩種常見的許可權模型，分別是存取矩陣（Access Matrix）和基於角色的存取控制（Role-Based Access Control，RBAC）。

1. 存取矩陣

存取矩陣是一個表示和管理主體對客體的操作許可權的二維矩陣。如圖 12.3 所示的矩陣中，行為主體，列為客體，而行列的交換點則表示主體對客體的存取權限。這裡的許可權是指行為的集合，也就是 a 的集合，我們記為 P_a。

客體	主體			
	m_1	m_2	m_3	m_4
o_1			讀	
o_2		讀、寫		寫
o_3	讀、執行			
o_4			執行	
o_5	讀			讀、寫、執行

圖 12.3 存取矩陣示意圖

如圖 12.3 中，主體 m_1 對客體 o_3 有讀取、執行許可權，主體 m_2 對客體 o_2 有讀、寫許可權。

使用存取矩陣時，求解一個主體對某個客體的許可權的過程就是在二維矩陣中檢索兩者交點的過程。即找出某個主體 m 對某個客體 o 的允許的行為集合 P_a。

$$P_a = g(m,o)$$

如果當前主體 m 要對客體 o 展開的操作為 a，則只要判斷：

$$a \in P_a$$

便可以得出是否要放行該操作。如果 $a \in P_a$ 為真，則許可權系統要放行該操作；如果 $a \in P_a$ 為假，則許可權系統要阻止該操作。

在實際應用中，並不一定真實存在一個存取矩陣。當主體數目和客體數目極大時，存取矩陣很有可能是一個稀疏矩陣，我們可以使用清單等方式來變向儲存這個矩陣。甚至，這個矩陣可以是完全不存在的，而只要存在一個能夠實現 $g(m,o)$ 操作的函數即可。

存取矩陣模型的維度對應了主體，一個維度對應了客體，而兩者的交換點則對應了許可權。因此，存取矩陣模型可以對許可權進行非常精細的控制。但這也使得該模型的管理和維護十分複雜。如我們存在一個具有 10000 主體和 50000 客體的系統，則整個矩陣中有 10000×50000個許可權設定點，如果需要為每個主體對某個客體增加一個操作許可權，則要引發 10000 次變更。

2. 基於角色的存取控制

基於角色的存取控制（RBAC）透過引入「角色」這一概念使得使用者（主體的一種通俗說法）不再和許可權直接綁定，這使得使用者和許可權的關係更容易管理。

角色的引入使得使用者和許可權之間形成了「使用者—角色—許可權」的關係。其中使用者和角色的關係是 m:n 的，即每個使用者可以被指定多個角色，每個角色也可以被指定多個使用者；角色和許可權之間的關係也是 m:n 的，即每個角色可以擁有多個許可權，每個許可權也可以被指定多個角色。

圖 12.4 展示了「使用者—角色—許可權」的關係的實體—關聯圖（Entity Relationship Diagram，E-R 圖）。

圖 12.4「使用者—角色—許可權」的關係 E-R 圖

使用 RBAC 時，求解一個主體對某個客體的許可權的過程需要透過角色進行映射。假設主體為 m，則首先要根據「使用者—角色」關係找出主體的角色集合 R，我們用函數 h_1 表示這個過程：

$$R = h_1(m)$$

然後根據「角色—許可權」關係找出角色集合 R 對應的許可權集合 $P_{(a,O)}$，我們用函數 h_2 表示這個過程：

$$P_{(a,O)} = h_2(R)$$

在這裡有一點要注意，在存取矩陣模型中，許可權是行為的集合 P_a。而這裡的許可權則是指「行為—客體對」的集合 $P_{(a,O)}$。舉例來說，在 RBAC 中我們見到的許可權是「增加記錄」、「刪除使用者」等這種形式的。這種許可權裡面，「增加」、「刪除」是行為，而「記錄」、「使用者」則是客體的集合（某筆具體的記錄、某個具體的使用者才是客體，而統稱的「記錄」、「使用者」是一組客體的集合。如「學生易小哥」是一個客體，而「學生」則是一個客體的集合）。所以這裡的許可權不同於存取矩陣模型中的許可權 P_a，我們把這裡的許可權記為 $P_{(a,O)}$，因為它既包含了行為 a，又包含了客體集合 O。

我們可以使用函數 h 將函數 h_1 和 h_2 進行整合，於是得到下面的式子。函數 h 完整地表述了求解一個使用者（主體）的許可權的過程。

$$P_{(a,O)} = h_2(R) = h_2[h_1(m)] = h(m)$$

如果主體 m 要對客體集合 O 展開的操作為 a，則繼續判斷：

$$(a,O) \in P_{(a,O)}$$

便可以得出是否要放行該操作。如果 $(a,O) \in P_{(a,O)}$ 為真，則許可權系統要放行該操作；如果 $(a,O) \in P_{(a,O)}$ 為假，則許可權系統要阻止該操作。

在關聯式資料庫中，「使用者—角色—許可權」的關係可以透過兩張表來儲存，而計算過程 h 則為兩表串聯查詢的過程。其實現也十分簡單。

相比於存取矩陣模型，RBAC 在管理上更為便捷。我們可以將多個許可權指定某個角色，然後透過為某個使用者指定角色的方式讓使用者獲得多個許可權。因此，RBAC 應用十分廣泛。

RBAC 使用角色對使用者進行管理，並且使用 $P_{(a,O)}$ 作為許可權，相對於許可權矩陣而言不夠精細，可能會引發一些問題。關於這一點，我們會在下面詳細分析。

上述的 RBAC 模型是最基本的 RBAC 模型，又稱為 RBAC0 模型。在 RBAC0 模型的基礎上對角色進行分層，便變成了 RBAC1 模型。這樣，角色間就有了繼承和父子關係，便於對角色進行統一管理。

在 RBAC0 模型的基礎上引入了約束，變成了 RBAC2 模型。在 RBAC2 模型中可以設定一些互斥角色，使用者不能同時獲得互斥的角色。也可以設定一個使用者可以擁有的角色的總數、設定許可權的優先順序關係、設定角色的動態啟動等。

而 RBAC3 模型則整合了 RBAC1 和 RBAC2 這兩種模型，既增加了角色分層，又增加了約束。

從 RBAC0 到 RBAC3，模型的複雜度逐漸提升。但 RBAC0 是這一種模型的基礎，在 RBAC0 的基礎上升級實現 RBAC1、RBAC2、RBAC3 並不困難。在進行系統設計時，我們可以根據需求選擇具體的模型。兩種許可權模型之間的關係如下所示。

3. 兩種許可權模型之間的關係

存取矩陣模型和 RBAC 模型雖然略有差異，但是兩者都是在求解 $f(m,a,o)$，其本質是一致的。接下來我們對這兩種模型進行推導，探究其兩者之間的一致關係。

RBAC 是在求解下面式子的真假：

$$(a,O) \in h_2(R)$$

我們可以把客體集合作為參數移到右側，即認為客體在判斷許可權結果真假的過程中是已知的。這樣的操作不會對許可權判斷的結果造成影響。於是得到：

$$a \in h_2(R,O)$$

在存取矩陣模型中，我們已經證明了許可權模型是在求節下面式子的真假：

$$a \in g(m,o)$$

可見 RBAC 和存取矩陣模型十分相似。

在 RBAC 模型中，角色 R 實際上是一組同類主體的集合。因此，RBAC 模型將存取矩陣模型中的導入參數主體個體 m、客體個體 o 轉變為了同類主體集合 R（也就是角色）、同類客體集合 O。所以可以將 RBAC 看作存取矩陣模型的簡化。

然而，也正是因為 RBAC 對存取矩陣模型的簡化，引入了一個新的問題。我們舉例來描述這個問題。

假設校園管理系統規定只有每個班的班長有打開自己班級教室門的許可權，而每位同學有擦自己班級教室黑板的許可權。易哥是一班班長，陶普是二班班長，莉莉和露西則分別是一班和二班的普通學生，當我們使用存取矩陣模型時，可以得到如圖 12.5 所示的存取矩陣。該存取矩陣可以完整地表示我們所述的許可權設定。

客體	主體			
	易哥	莉莉	陶普	露西
一班教室門	打開			
一班黑板	擦	擦		
二班教室門			打開	
二班黑板			擦	擦

圖 12.5 存取矩陣示意圖

當我們使用 RBAC 模型時，可以得到如圖 12.6 所示的「使用者—角色—許可權」關係。

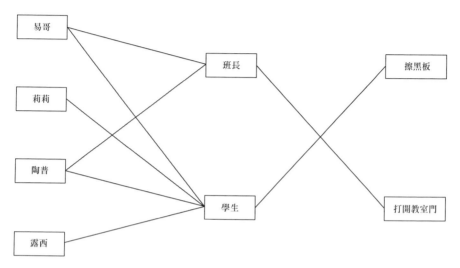

圖 12.6「使用者—角色—許可權」關係示意圖

這時我們可以發現如圖 12.6 所示的關係圖中存在問題。根據圖 12.6 所示的關係，易哥作為班長可以獲得打開教室門的許可權，那麼易哥也可以打開二班的教室門。同理，二班的學生露西也可以擦一班的黑板。這與最開始的許可權設定要求不一致，RBAC 中發生的這種錯誤叫作水平越權。

水平越權是一個很形象的稱呼，它是説使用者的許可權並沒有增加或減少（垂直方向上沒有發生變化），而只是從一個作用域擴充到了另一個作用域（水平方向上發生了跨越）。

發生水平越權的根本原因就是 RBAC 引入的簡化操作。在存取矩陣模型中，$a \in g(m,o)$ 中的導入參數可以精確地區分每個主體和客體，因此易哥和陶普是不同的主體，一班教室門和二班教室門是不同的客體。

而在 RBAC 模型中，$a \in h_2(M, O)$ 使用主體集合 M 和客體集合 O 作為導入參數，這使得易哥和陶普都被歸類成了班長這一角色，而「打開一班教室門」和「打開二班教室門」的操作都被整合到「打開教室門」這一許可權中。

在使用 RBAC 模型時，一定要特別注意水平越權問題，並在必要的時候引入額外的邏輯判斷，作為柵欄對水平越權問題進行判斷和阻隔。

在系統架構設計和實現中，我們可以將存取矩陣模型和 RBAC 模型結合起來使用。利用 RBAC 模型完成好用的、粗粒度的管理，而利用存取矩陣模型完成繁雜的、細粒度的管理，從而實現便利性和精細度上的統一。

12.2.2 存取控制方式

在許可權系統的模型中，除了最重要的許可權模型，還需要考慮存取控制方式。存取控制方式是指許可權的管理與發放策略，它主要包括自主存取控制（Discretionary Access Control，DAC）和強制存取控制（Mandatory Access Control，MAC）兩種。

自主存取控制方式允許具有某種存取權限的主體將自身許可權的子集指定其他主體。這種存取控制方式使得許可權的管理較為自由和靈活。如 Linux 和 Windows 均採用這種存取控制方式，在這些系統中，使用者可以把自己針對某個檔案的許可權分享給其他使用者，圖 12.7 展示了 Linux 系統中使用者 yeecode 將針對 top.sh 檔案的許可權授予同組其他使用者，使得 top.sh 檔案的許可權從 755 變為了 775。

強制存取控制方式基於安全性原則來判斷主體是否對客體具有存取權限。而安全性原則是由管理員集中進行控制的，主體無法覆蓋安全性原則，也無法將自身擁有的許可權轉授權給其他主體。典型的門禁系統就使用強制存取控制方式。具有開啟某扇門許可權的使用者並不能將該許可權轉授給其他使用者。

```
root@vultr:~/yeecode# ll
total 8
drwxr-xr-x 2 root root 4096 Jan 26 05:34 ./
drwx------ 5 root root 4096 Jan 26 05:34 ../
-rw-r--r-- 1 root root    0 Jan 26 05:34 top.sh
root@vultr:~/yeecode# chmod 775 top.sh
root@vultr:~/yeecode# ll
total 8
drwxr-xr-x 2 root root 4096 Jan 26 05:34 ./
drwx------ 5 root root 4096 Jan 26 05:34 ../
-rwxrwxr-x 1 root root    0 Jan 26 05:34 top.sh*
root@vultr:~/yeecode#
```

圖 12.7　自主存取控制範例

自主存取控制方式比較靈活，減少了管理員的許可權設定工作量；強制存取控制方式更為嚴格，可以實現高安全等級的許可權控制。在實際使用中，也可以考慮將兩者結合起來使用，即某些許可權允許轉授權，而某些許可權不允許轉授權。

一種常見的形式是「管理員」角色可以轉授，即一個管理員可以設定其他人為管理員；但是管理員授出的其他許可權不允許轉授，如管理員授予某人修改某檔案的許可權，則某人不可以將該許可權轉授第三者。這種方式下，多個管理員分擔了工作量，且管理員角色相對較少而易於管理，在安全性和便利性上可以取得一個較好的平衡。

12.3　模型設計

在了解了常見許可權系統理論模型的原理和異同之後，我們可以開展 MatrixAuth 的模型設計工作。整個工作主要分為兩部分。

在模型調研部分，我們要根據專案需求選擇合適的模型。

在模型應用部分，我們要對理論模型進行變形，以應用到我們的實際專案中，並最終確定專案的模型框架。

12.3.1　模型調研

MatrixAuth 作為一個獨立的第三方許可權系統，需要確保所選的模型能夠減少 MatrixAuth 與業務應用的耦合。

存取矩陣模型需要包含所有的主體、客體資訊，因此當主體或客體發生增刪時，存取矩陣必須隨之變動。當存取矩陣作為系統的模組出現時，這種同步的變動是可以實現的。而當存取矩陣包含在另一個系統中時，這種同步的變動便會使得兩個系統的耦合度過高，帶來很大的同步成本。

如果 MatrixAuth 採用存取矩陣模型，那麼連線 MatrixAuth 的業務應用在出現主體、客體的增刪時需要通知 MatrixAuth 同步完成變更。假設業務應用是一個倉庫管理系統，那當倉庫中存入一批貨物時，需要 MatrixAuth 為每個貨物增加一筆客體記錄，而在倉庫運出一批貨物時，需要 MatrixAuth 刪除每個貨物對應的客體記錄。這樣的強耦合會給業務應用帶來極大的連線成本和性能損耗。因此，使用存取矩陣模型作為 MatrixAuth 的主要許可權模型是不可取的。

RBAC 模型需要包含使用者、角色和許可權資訊。RBAC 包含使用者資訊表示主體（使用者是一種常見的主體）的增刪必須通知 RBAC，但是 RBAC 不需要掌握客體個體的增刪情況，只需要掌握客體類別的增刪情況即可。

在一個系統中，主體往往是穩定的，而客體是易變的。如倉庫管理系統中倉庫管理員等操作人員往往是穩定的，而倉庫中的貨物是經常變動的。因此，RBAC 不需要掌握客體個體的增刪情況，可以極大地降低 RBAC 模型與業務應用的耦合度，這正是 MatrixAuth 需要的。

因此，RBAC 模型更適合作為 MatrixAuth 的主要許可權模型。

12.3.2 模型應用

在選定了 RBAC 模型作為 MatrixAuth 的主要模型後，我們並不能直接應用該模型。因為 RBAC 模型考慮的是使用者、角色和許可權處在同一個系統中的情況，而 MatrixAuth 作為一個獨立的許可權系統，並不滿足這一點。因此，我們要進行適當的演化。

這次演化過程主要是解決業務應用和 MatrixAuth 資訊割裂的問題。即討論業務應用應該掌握哪些資訊、MatrixAuth 應該掌握哪些資訊，以及業務應用和 MatrixAuth 如何通訊。

1. 使用者、角色、許可權的處理

採用 RBAC 模型後，MatrixAuth 的工作可以用下面的 h 函數表示。

$$P_{(a,O)} = h(m)$$

即 MatrixAuth 需要在接收一個使用者的資訊 m 後，返回該使用者的許可權資訊 $P_{(a,O)}$。這個過程如圖 12.8 表示。

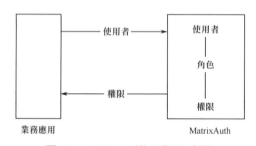

圖 12.8 RBAC 模型對外介面

從圖 12.8 中可以看出，使用者資訊和許可權資訊需要在業務應用和 MatrixAuth 之間傳輸，這表示雙方都必須保存和維護這兩種資訊。

雙方同時保存一個資訊，往往涉及主從劃分問題，即一方負責維護資訊，另一方只負責同步資訊。具體到這一場景下，MatrixAuth 作為一個獨立的許可權系統，不應該管理業務應用的使用者資訊（而且不同業務應用的使用者資訊結構也不一樣，如有的保存了使用者的電子郵件，有的則保存了使用者的手機號）。因此，使用者的增刪和資訊維護應交給業務應用負責，並在發生使用者增刪時通知 MatrixAuth 即可。許可權資訊則可以交給 MatrixAuth 統一維護，這樣可以減少業務應用的工作量。

角色資訊作為 RBAC 獨有的資訊，可以由 MatrixAuth 負責管理。

2. 「使用者—角色」關係

探討完成使用者、角色、許可權三種資訊的主從劃分問題後，我們繼續討論它們之間連結關係的歸屬問題，即這些連結關係應該由業務應用和 MatrixAuth 中的哪一方負責。

在 RBAC 中存在兩種連結關係，即「使用者—角色」關係和「角色—許可權」關係。我們先討論「使用者—角色」關係。

在 RBAC 模型中，可以直接為使用者指派角色。在 MatrixAuth 中這種情況也是存在的，如我們可以直接透過 MatrixAuth 將某個使用者指派為管理員角色。

然而，某些角色我們可能無法透過 MatrixAuth 指派給使用者。假設業務應用為校園管理系統，那麼透過 MatrixAuth 將某位老師指派為班主任角色則是不合理的。因為，將某位老師設定為班主任是校園管理系統這一業務應用要進行的操作，MatrixAuth 不能涉及這種業務。更進一步地説，某個學校可能規定教學經驗低於一定年限的老師不能擔任班主任。如果 MatrixAuth 負責指派班主任的操作，則 MatrixAuth 還要對這些學校規則展開判斷，這會導致 MatrixAuth 的業務邊界不斷擴大，顯然是不合理的。

所以，某些「使用者—角色」關係的修改操作必須由業務應用展開，然後 MatrixAuth 再從業務應用獲取這些關係。這再次涉及資訊互動問題，即 MatrixAuth 應該在什麼時機，透過什麼方式獲取業務應用中保存的「使用者—角色」關係。

對於一個許可權系統而言，其許可權設定操作的頻次一定遠小於許可權讀取操作的頻次，且許可權設定操作的回應時間要求一定低於許可權讀取操作的回應時間要求。因此，「使用者—角色」關係應該在許可權設定階段由業務應用推送給許可權系統，而非在許可權判斷階段，由許可權系統前往業務應用拉取。

解決了上述只能由業務應用設定的「使用者—角色」關係後，我們還會發現一些更為複雜的「使用者—角色」關係。我們舉例來說明這一問題。

同樣以校園管理系統作為業務應用。易哥所在的班級會在每週二下午上體育課，作為班級體育委員的易哥，會在週二下午獲得「體育器材獲取人員」角色，並憑藉此角色指定的「體育器材室存取控制」許可權前往體育器材室拿取體育器材。而該「體育器材獲取人員」角色也會在器材歸還後自動消失。那麼「體育器材獲取人員」這一角色便十分特殊，它不僅是由業務應用指定的，而且是自動指定的。

「體育器材獲取人員」角色只是一個範例，但實際應用中可能存在這種角色，並且情況可能更加複雜。它的指定與剝奪可能是更為高頻的（如每個奇數秒被指定，每個偶數秒被剝奪），或它可能是機密的（如業務應用處於安全考慮並不能把誰具有這一角色的資訊推送給 MatrixAuth）。此時，「使用者—角色」關係並不是一個具象的從使用者到角色的連接，而更像是一個由業務應用掌握的黑盒函數：以使用者作為輸入可以得到對應的角色輸出，但是具體的邏輯不可告知。業務系統可能不方便將這種「使用者—角色」關係推送給 MatrixAuth。

經過以上討論，出現了多種「使用者—角色」關係。而不同的關係又對應著業務應用和 MatrixAuth 間不同的職責劃分。因此，我們從 MatrixAuth 的角度出發，將角色劃分為以下三種。

- 全控角色：「使用者—角色」關係由 MatrixAuth 完全負責。如上文中舉例的「管理員」角色。
- 半控角色：「使用者—角色」關係由業務應用負責並推送給 MatrixAuth。如上文中舉例的「班主任」角色。
- 自由角色：「使用者—角色」關係由業務應用負責並提供給 MatrixAuth 查詢，但不能將該關係直接推送給 MatrixAuth，如上文中舉例的「體育器材獲取人員」角色。

對於自由角色，對應的「使用者—角色」關係由業務應用負責。因此，要想在 RBAC 模型中發揮作用，整個流程如下所示。

（1）業務應用針對「某個主體對某個客體的某行為」的許可權向 MatrixAuth 發起查詢請求。

（2）MatrixAuth 驗證該使用者涉及部分自由角色，向業務應用發起該使用者的自由角色查詢請求。

（3）業務應用根據業務邏輯返回該使用者對應的自由角色列表。

（4）MatrixAuth 根據業務應用返回的自由角色列表尋找對應的許可權，並返回給業務應用。

整個流程如圖 12.9 所示。

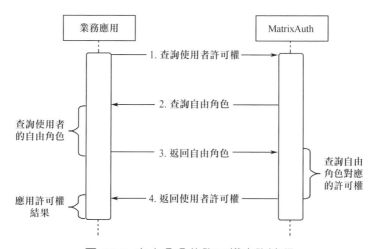

圖 12.9　自由角色的許可權查詢流程

透過圖 12.9 我們可以看出，在自由角色的查詢過程中一共需要兩次請求互動，其中 1 號請求和 4 號回應組成一次互動、2 號請求和 3 號回應組成一次互動。為了進行一次鑑權操作發起兩次互動，將對業務應用的性能造成巨大的影響。從性能維度考量，我們應該避免這種設計。

這兩次互動的目的在於將業務應用持有的「使用者—角色」資訊和 MatrixAuth 持有的「角色—許可權」資訊整合到一起。而我們已經分析過,「使用者—角色」資訊必須由業務應用持有,因此我們可以將自由角色的「角色—許可權」資訊也交給業務應用持有。這樣,業務應用不需要和 MatrixAuth 進行互動,便可以進行自由角色的許可權判斷。

3.「角色—許可權」關係

「角色—許可權」關係可以交由 MatrixAuth 負責。但對於自由角色,如前面討論,其「角色—許可權」關係由業務應用自身負責。

4. RBAC 各要素實現整理

透過對 RBAC 中各個要素、連結關係的分析,我們已經對 MatrixAuth 的模型有了大致把握。其中最重要的是對角色進行了分類,分為全控角色、半控角色和自由角色三種。最終,各要素和連結關係在業務應用和 MatrixAuth 中的分佈情況如圖 12.10 所示。

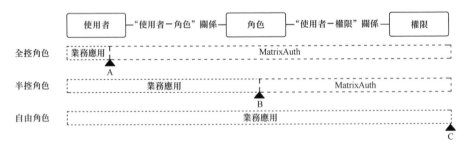

圖 12.10 各要素和連結關係在業務應用和 MatrixAuth 中的分佈情況

透過圖 12.10 我們可以看出,業務應用和 MatrixAuth 的職責範圍出現了 A、B、C 所示的三個分界點。

從業務應用的連線難度角度看，分界點的不同表示業務應用的連線難度不同。

當分界點越靠左時，業務應用負責的要素越少，MatrixAuth 負責的要素越多。這表示，業務應用只需要處理少量的工作，便可以將大多數工作交給 MatrixAuth 處理，因此 MatrixAuth 可以發揮更大的作用。這時，業務應用的連線難度較低。對於全控角色，就是這種情況。業務應用僅需要在發生使用者增刪時通知 MatrixAuth，然後在鑑權時，可以直接透過 MatrixAuth 查詢使用者的許可權資訊。

當分界點越靠右時，業務應用負責的要素越多，MatrixAuth 負責的要素越少。這表示，MatrixAuth 的連線對業務應用的作用不大，大多數邏輯還是需要業務應用來處理的。這時，業務應用的連線難度較高。對於自由角色，無論是否連線 MatrixAuth，使用者到許可權的映射關係都需要業務應用自身來實現。對於這種情況，我們可以採用 C/S 架構，在業務應用中引入 MatrixAuth 用戶端（我們將其命名為 MatrixAuthClient），由用戶端處理相關許可權操作，以減少業務應用的工作量。

對於半控角色，「使用者一角色」關係由業務應用負責。每當「使用者一角色」關係發生變動時，業務應用主動推送給 MatrixAuth。這樣，當進行許可權查詢時，MatrixAuth 已經掌握了「使用者一角色一許可權」資訊，可以很快列出許可權查詢結果，其連線難度適中。

從許可權的控制粒度看，分界點的不同表示許可權控制的粒度不同。

當分界點越靠左時，業務應用能夠提供的資訊越少，只能提供粗粒度的許可權控制。對於全控角色，業務應用能夠提供的只有使用者資訊。MatrixAuth 只能根據使用者資訊進行許可權計算。

當分界點越靠右時，業務應用能夠提供的資訊越多，可以提供與業務深度結合的細粒度的許可權控制。對於自由角色，業務應用可以在進行使用者、角色、許可權的計算時融合業務邏輯，透過這種方式，可以避免水平越權問題。

因此，分界點的選擇實際上是在連線難度和控制粒度這兩個維度上取得一個平衡，如圖 12.11 所示。在實施時，要選擇一個能滿足控制粒度要求，且連線難度最低的一種實現。

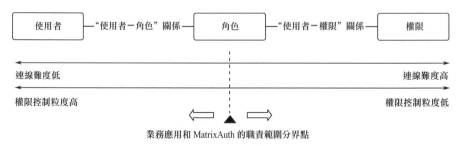

圖 12.11　業務應用和 MatrixAuth 的職責範圍分界點

整個適用於獨立應用 MatrixAuth 的許可權模型已經演化到可用狀態，而且我們還在模型的基礎上討論了業務應用和 MatrixAuth 職責不同劃分方式的影響。這樣已經明確 RBAC 模型可以應用到獨立的 MatrixAuth 應用中。

5. 控制方式設計

MatrixAuth 作為一個支援多個業務應用連線的許可權控制系統，可以採用自主存取控制和強制存取控制結合的方式。

對於 MatrixAuth 系統管理員、業務應用管理員角色採用自由存取控制。即 MatrixAuth 系統管理員可以將自身角色分配給其他使用者，也

可以設定業務應用管理員。業務應用管理員可以將自身角色授予其他
使用者,也可以管理其所屬業務應用內的使用者、角色和許可權。

對於業務應用內部的角色則採用強制存取控制,即某個業務應用內的
使用者獲得業務應用管理員授予的角色後,不允許轉授第三者。

MatrixAuth 的整個許可權控制方式如圖 12.12 所示。

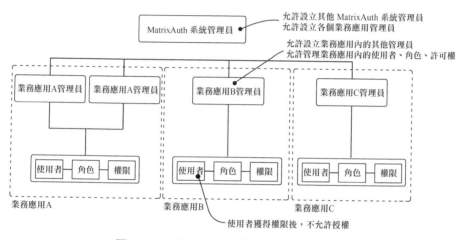

圖 12.12 MatrixAuth 的許可權控制方式

這種設計符合多租戶模式的許可權管理方式。MatrixAuth 系統管理員
可以設立業務應用(租戶)內的管理員。而每個業務應用管理員可以
在自身負責的應用範圍內進行許可權的管理控制。這既保證了租戶的
管理許可權,又避免了許可權的無序擴散。

12.4 概要設計

MatrixAuth 作為一個許可權系統，其主要工作便是對發往各個業務應用的請求進行許可權判斷。許可權判斷需要使用者、角色、許可權等資訊的支援，因此需要配備資料庫保存這些資訊。據此我們可以得到如圖 12.13 所示的第一版結構圖。

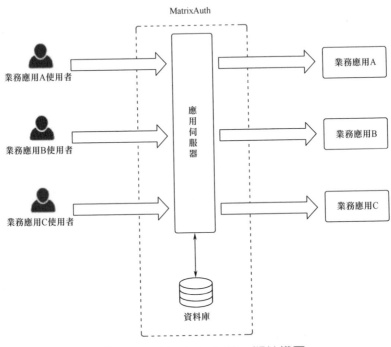

圖 12.13 MatrixAuth 第一版結構圖

但是這樣的結構存在顯而易見的缺點。所有使用者請求必須發送給 MatrixAuth 的應用伺服器，由它進行許可權判斷後再轉發給業務應用，這對業務應用的侵入十分嚴重。並且，MatrixAuth 的應用伺服器不僅接收業務應用的請求，還要處理角色增刪、許可權增刪、「使用者—角色」關係編輯、「角色—許可權」關係編輯等操作，職責劃分不清晰。

為了解決上述問題，我們可以採用 C/S 架構，讓 MatrixAuth 應用包含用戶端 MatrixAuthClient 和服務端 MatrixAuthServer 兩部分。

- MatrixAuthClient：作為一個模組整合到業務應用內部，由它負責具體的許可權判斷工作，必要時可以前往 MatrixAuthServer 請求許可權資訊。
- MatrixAuthServer：作為獨立應用，負責為各個 MatrixAuthClient 提供許可權查詢資訊，並且負責處理角色增刪、許可權增刪、「使用者—角色」關係編輯、「角色—許可權」關係編輯等操作。

整個結構演化為如圖 12.14 所示的第二版。

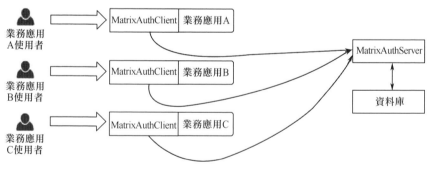

圖 12.14　MatrixAuth 第二版結構圖

第二版的設計不僅透過用戶端和服務端的劃分使得 MatrixAuth 各部分的職責更為清晰，還使用 MatrixAuthClient 對業務應用隱藏了許可權驗證、資訊互動的細節資訊。業務應用只需要引入 MatrixAuthClient 即可，而不需要關心何時需要向 MatrixAuthServer 請求資訊，以及 MatrixAuthClient 和 MatrixAuthServer 互動資訊的具體格式。

但第二版結構圖也有明顯的缺點，即存在單點故障。當 MatrixAuthServer 因故障當機時，所有的 MatrixAuthClient 均會因為缺乏許可權資訊而無法執行。

各個業務應用透過 MatrixAuthClient 進行許可權驗證，那我們可以讓 MatrixAuthClient 直接從資料來源中獲取資訊。這樣的設計並不會損失 MatrixAuth 的便利性，因為所有的許可權資訊讀取和判斷邏輯都被封裝在 MatrixAuthClient 內，業務應用不需要進行處理。而且這樣的設計還減少了 MatrixAuthClient 到 MatrixAuthServer 的一次查詢請求。我們得到如圖 12.15 所示的第三版結構圖。

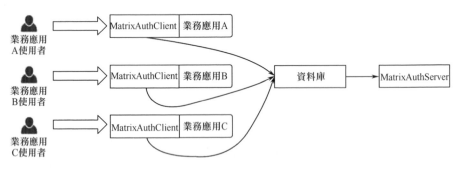

圖 12.15 MatrixAuth 第三版結構圖

圖 12.15 所示的結構圖已經比較完善，但從性能角度考量，仍然有提升空間。當多個業務應用連線 MatrixAuth 時，資料庫中需要存放多個業務應用的許可權資訊，資料量可能很大；當業務應用變多時，對資料庫的操作請求併發也會提升。單一的資料庫可能無法承擔巨量資料量的儲存、高併發的存取，從而引發回應時間增加甚至當機。

因此，我們可以採用多租戶的設計想法，為 MatrixAuth 配備多個資料來源。每一個業務應用可以任選一個資料來源使用，這樣分散了 MatrixAuth 的資料儲存壓力和併發壓力。而且，採用多租戶還提升了系統的安全性,每個業務應用可以設定自身的許可權資料庫,從而減少了許可權資訊洩露的可能。

這樣,我們再一次對 MatrixAuth 的結構進行改進,得出第四版結構圖,如圖 12.16 所示。

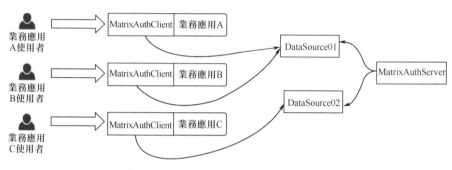

圖 12.16 MatrixAuth 第四版結構圖

第四版設計對資料庫的儲存壓力和併發壓力進行了分散,然而資料庫受限於 IO 操作,其回應時間無法大幅提高。MatrixAuthClient 對每一個業務請求鑑權時都需要前往資料來源獲取許可權資訊,因此對資料來源中資訊的讀取操作是一個高頻的,且對業務應用性能影響極大的操作。鑑於此,我們可以為 MatrixAuth 的資料來源增加快取。同時從功能性、便利性角度考慮,是否選用快取以及具體選用哪一個快取仍然交給業務應用來選擇。

為了提升系統的可用性,我們需要確保快取故障時 MatrixAuthClient 可以繼續工作。因此,MatrixAuthClient 可以與快取、資料來源均保持連接,在資料查詢時優先查詢快取並在快取故障時直接查詢資料來源。

對 MatrixAuth 的資料來源增加快取後,我們獲得了第五版結構圖,如圖 12.17 所示。

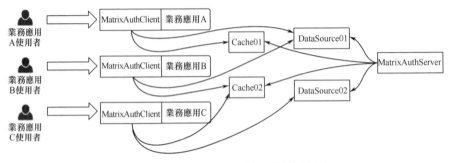

圖 12.17 MatrixAuth 第五版結構圖

這樣,從性能、便利性、安全性、擴充性等多個維度考量,尤其是從性能角度考量,我們對 MatrixAuth 進行了多個版本的結構設計,最終得出了如圖 12.17 所示的第五版結構圖。

在第五版結構圖中,MatrixAuth 一共分為了四個部分。各個部分的具體功能如下所示。

- 服務端 MatrixAuthServer:負責 MatrixAuth 的整體管理工作,包括資料來源管理、快取管理、業務應用連線管理;負責 MatrixAuth 中應用、角色、許可權及它們之間關係的管理工作。

- 用戶端 MatrixAuthClient:負責業務應用連線 MatrixAuth 的具體實現;負責完成指定操作的鑑權,其間可能涉及與快取、資料來源的互動;負責將業務應用的使用者增刪操作、半控角色指派操作通知給 MatrixAuthServer。

- 資料來源:儲存相關業務應用的使用者、角色、許可權等資訊。

- 快取:快取相關業務應用的使用者、角色、許可權等資訊,以提升查詢速度。

上述方案在可靠性維度存在良好的擴充性。資料來源部分、快取部分均可以依據業務應用的負載情況設定叢集，以提升資料來源、快取的可靠性。

考慮到性能、便利性等各個維度並對系統模組進行多個版本的架構設計後，我們終於獲得了最終的概要設計方案。接下來我們可以依據概要設計方案進行詳細設計。

12.5 資料層詳細設計

12.5.1 RBAC 資料表的範式設計

RBAC 模型包括使用者、角色、許可權及「使用者—角色—許可權」關係。我們可以使用圖 12.18 所示的 E-R 圖表示上述關係。

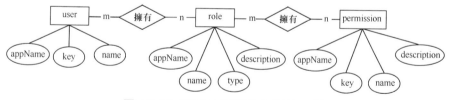

圖 12.18 RBAC 模型 E-R 圖第一版

對於使用者表，key 是主鍵，一個 key 就代表了業務應用中的使用者，通常可以使用業務應用中的使用者編號、帳戶名稱等。name 是用戶名，僅用來在進行「使用者—角色」連結操作時輔助我們辨識使用者。

在角色表中，name 是主鍵，表示角色的名稱。type 用來表示角色的類型，例如是全控角色、半控角色。要注意的是，自由角色因為已經完全由業務應用管理,而不會在這裡表現。description 欄位用來對角色說明。

在許可權表中,key 是主鍵,表示許可權的編碼,將來作為 MatrixAuth Client 進行許可權判定的依據。name 是許可權的名稱,description 欄位用來對許可權說明。

考慮到 MatrixAuth 的每個資料來源中可能儲存多個業務應用的資訊,為了進行應用間的區分,使用者、角色、許可權中可以增加 appName 欄位。這樣,上述三個表中的主鍵需要和新增加的 appName 欄位組成聯合主鍵。

主鍵確定後,我們也可以列出各個關係表的欄位。

如圖 12.19 所示,我們獲得了 RBAC 模型 E-R 圖第二版。

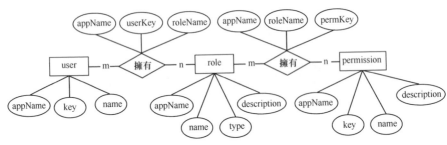

圖 12.19 RBAC 模型 E-R 圖第二版

圖 12.19 所示的資料庫設計十分規範,可以滿足第五範式,即達到完美範式的要求,其具體論證我們不再贅述。

12.5.2 RBAC 資料表的反範式設計

MatrixAuth 在工作過程中最高頻的操作是查詢某個使用者的許可權。
即輸入應用名 appName 和應用中的某個使用者 key，查詢得到該使用
者的許可權列表。反映在資料層上，即執行如下所示的 SQL 敘述：

```
SELECT permKey FROM role_x_permission WHERE appName = #{appName} AND
roleName IN (
    SELECT roleName FROM user_x_role WHERE appName = #{appName} AND userKey
= #{userKey}
    )
```

其中的 role_x_permission 表指「角色—許可權」關係表，user_x_role
表指「使用者—角色」關係表。

上述查詢操作涉及兩表的串聯查詢，這是一個比較低效的查詢操作。
將會對整個 MatrixAuth 的鑑權操作的性能造成影響。因此，我們需要
對此進行最佳化。

此時我們可以考慮反範式設計。

我們可以增加一個全新的 user_x_permission 表，並在其中儲存「使用
者—許可權」關係，如圖 12.20 所示。

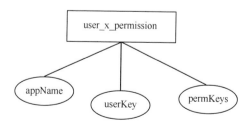

圖 12.20「使用者—許可權」關係表

圖 12.20 所示 user_x_permission 表中的 permKeys 欄位，可以儲存該使用者的所有權限拼接成的字串，各許可權之間可以使用固定的分隔符號分割（如 "," 或 ";" 等）。

在圖 12.20 所示的 E-R 圖中，我們可以直接透過 user_x_permission 表完成許可權查詢。但是這種設計直接打破了第一範式：user_x_permission 表中 permKeys 欄位的屬性顯然是可以再拆的，因為 permKeys 中的值本身是一個許可權列表，是由圖 12.19 中的多個資料表串聯得出的。

打破了各級範式會帶來資料容錯、資料一致性等問題，我們將在第 12.6.2 節透過應用邏輯來解決，這是我們獲取性能提升而付出的代價。

這樣，進行許可權查詢時只需要下面所示的 SQL 敘述：

```
SELECT permKeys FROM user_x_permission
WHERE appName = #{appName} AND userKey = #{userKey}
```

只需要查詢一個表便可以得出某個應用中特定應用的許可權列表。

user_x_permission 表中包含三個欄位，其中 appName、userKey 是鍵。這樣的設計使得 user_x_permission 中的資料不容易在 key-value 結構的快取中儲存，因此我們可以將 appName、userKey 兩個欄位合為一個欄位。我們將這個欄位命名為 fullUserKey，其值的形式為 "appName-userKey"。顯然這樣的設計再次打破了第一範式，但卻使得 user_x_permission 表成了 key-value 結構，便於使用 key-value 結構的快取儲存。

這樣，透過兩次反範式設計，我們獲得了一個 key-value 結構的、一次查詢可以列出某個使用者所有權限的 user_x_permission 表。付出的代價是我們的資料表不再滿足第一範式，需要透過業務邏輯確保容錯資料的一致。

透過這樣的設計過程，也印證了我們在第 6 章中強調的內容，即範式設計是反範式設計的基礎，反範式設計是在範式設計的基礎上根據目的進行特定的違反操作，以獲得某些維度的提升，而不應該將反範式設計當作隨意設計的理由。

12.5.3 RBAC 資料表的最終設計

最終，經過範式設計和反範式設計，我們獲得了六個表。各個表資料庫綱要定義語言（Data Definition Language，DDL）如下。

（1）使用者表 user

```
create table user
(
    appName varchar(255) not null, --所屬的業務應用名稱，如
"CampusManagementApplication"
    `key` varchar(255) not null, --該使用者對應的識別符號，可以使用業務應用
中的使用者編號等，如"2080003"
    name varchar(255) null, --該使用者的姓名或暱稱等，如"易哥"
    primary key (appName, `key`)
);
```

（2）「使用者—角色」關係表 user_x_role

```
create table user_x_role
(
    appName varchar(255) not null, --所屬的業務應用名稱
    userKey varchar(255) not null, --對應user表中的key欄位
    roleName varchar(255) not null, --對應role表中的name欄位
```

```
    primary key (appName, userKey, roleName)
);
```

（3）角色表 role

```
create table role
(
    appName varchar(255) not null, --所屬的業務應用名稱
    name varchar(255) not null, --角色的名稱，如"班長"
    type varchar(255) not null, --角色的類型，可選全控角色、半控角色
    description text null, --角色的說明
    primary key (appName, name)
);
```

（4）「角色—許可權」關係表 role_x_permission

```
create table role_x_permission
(
    appName varchar(255) not null, --所屬的業務應用名稱
    roleName varchar(255) not null, --對應role表中的name欄位
    permKey varchar(255) not null, --對應permission表中的key欄位
    primary key (appName, roleName, permKey)
);
```

（5）許可權表 permission

```
create table permission
(
    appName varchar(255) not null, --所屬的業務應用名稱
    `key` varchar(255) not null, --許可權編碼，例如"OPEN_ROOM_DOOR"
    name varchar(255) null, --許可權名稱，例如"打開教室門"
    description text null, --許可權說明，例如"持有該許可權的使用者可以開啟
教室的前後門"
    primary key (appName, `key`)
);
```

（6）「使用者一角色」關係快速查詢表 user_x_permission

```
create table user_x_permission
(
    fullUserKey varchar(255) not null primary key, --對應user表中的appName
和key，其值形式為"appName-userKey",如"CampusManagementApplication-2080003"
    permissionKeys text null --對應使用者的許可權列表，如"OPEN_ROOM_DOOR,
CLEAN_BLACKBOARD"
);
```

12.5.4 MatrixAuth 管理類別資料表設計

MatrixAuth 支援多個業務應用的連線，也支援多個資料來源、快取。MatrixAuth 需要對這些業務應用、資料來源、快取資訊進行管理。

我們可以把這些資訊放在設定檔中，但會使得業務應用、資料來源、快取的增刪工作變得複雜，甚至要重新啟動 MatrixAuth 才能生效。因此，我們直接將這些資訊存放在資料庫中，這樣我們可以在 MatrixAuth 執行時期動態增刪業務應用、資料來源、快取。

從便利性和可擴充性角度考慮，我們讓資料來源和快取獨立存在。每個業務應用可以選擇自身要使用的資料來源、快取。因此，業務應用、資料來源、快取之間形成了如圖 12.21 所示的 E-R 圖。

application 表是業務應用表。name 欄位儲存應用名，是該表的主鍵。token 欄位儲存該應用的操作密碼，這是從安全性角度設定的。只有該業務應用的管理員才知道該應用的操作密碼，從而操作該應用下的使用者、角色、許可權等資訊，這保證了多個租戶之間操作的隔離。

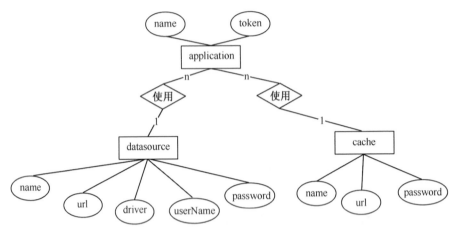

圖 12.21 業務應用、資料來源、快取的 E-R 圖

datasource 表是資料來源表，name 欄位儲存資料來源名稱，是該表的主鍵。其他欄位儲存資料來源的位址、驅動類型、用戶名、密碼資訊。

cache 表是快取表，name 欄位儲存快取名稱，是該表的主鍵。其他欄位儲存快取的位址、密碼資訊。

每個應用最多可以使用一個資料來源和一個快取，而一個資料來源或快取可以供多個業務應用共同使用。

根據圖 12.21 所示的 E-R 圖，我們可以得到下面所示的資料庫 DDL 敘述。

（1）業務應用資訊表 application

```
create table application
(
    name varchar(255) not null primary key, --業務應用名，如
"CampusManagementApplication"
    token varchar(255) null, --該業務應用對應的業務應用管理員密碼
    dataSourceName varchar(255) null, --該業務應用所使用的資料來源名，對應
```

datasource表的name欄位。也可以不填，表示使用MatrixAuth的預設資料來源

　　cacheName varchar(255) null --該業務應用所使用的快取名，對應cache表的
name欄位。也可以不填，表示不使用快取

);

（2）資料來源資訊表 datasource

```
create table datasource
(
    name varchar(255) not null primary key, --資料來源名稱，如"mysql_01"
    url text not null, --資料來源位址，例如"jdbc:mysql://localhost:3306/
mysql_01"
    driver varchar(255) null, --資料來源驅動類別名稱，如"com.mysql.cj.jdbc.
Driver"
    userName varchar(255) null, --資料來源用戶名
    password varchar(255) null --資料來源密碼
);
```

（3）快取資訊表 cache

```
create table cache
(
    name varchar(255) not null primary key, --快取名稱，如"redis_01"
    url varchar(255) not null, --快取位址，如"127.0.0.1:6379"
    password varchar(255) null --快取密碼
);
```

12.5.5 MatrixAuth 的資料層結構

MatrixAuth 的管理類別資料表，只需要存在一份即可。而 RBAC 類別
資料表則需要在每個資料來源中設定一份。我們把 MatrixAuth 的資料
來源分為以下兩種。

- 預設資料來源：包含了管理類別資料表、RBAC 類別資料表。MatrixAuth 只有一個預設資料來源，當某個業務應用沒有設定資料來源時，則使用預設資料來源中的 RBAC 表，為該業務儲存「使用者—角色—許可權」資訊。
- RBAC 資料來源：只包含 RBAC 類別資料表。業務應用可以選擇該類別資料來源儲存自身的「使用者—角色—許可權」資訊。一個 RBAC 資料來源可以供多個業務應用共用。

最終，MatrixAuth 的資料層包含一個預設資料來源和多個 RBAC 資料來源。圖 12.22 展示了 MatrixAuth 的資料層結構。

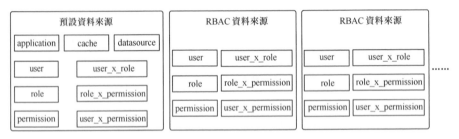

圖 12.22 MatrixAuth 的資料層結構

MatrixAuth 的預設資料來源只有一個，而 RBAC 資料來源可以有多個。並且，每個 RBAC 資料來源都將位址、驅動、用戶名、密碼等資訊儲存到預設資料來源的 datasource 表中。

每個業務應用都可以透過 application 表中的 datasource 欄位指定自身所用的 RBAC 資料來源。如果不指定的話，則使用預設資料來源儲存該應用的 RBAC 許可權資料。

MatrixAuthServer 在啟動時會直接連接預設資料來源，然後根據要操作的業務應用的不同，串聯 application 表和 datasource 表查詢出該業務應用的 RBAC 資料來源並連接後展開讀寫操作。透過這種設計，

MatrixAuth 允許使用者在執行時期增加、刪除資料來源和更改業務應用的資料來源。這大大提升了 MatrixAuth 的可用性。當然，這期間要涉及資料來源的動態切換問題，我們將在第 12.7.1 節討論。

12.6 快取詳細設計

快取的目的是加速許可權查詢過程，我們可以採用 Redis 為代表的記憶體中資料庫。其中要儲存的資料和 user_x_permission 表中的資料一致，即 fullUserKey 為鍵，permissionKeys 為值。這樣，只要指定指定應用的指定使用者，便可以直接查詢出其許可權列表。

快取中儲存的資料格式非常簡單。接下來我們討論快取的更新機制。

在第 4 章我們介紹了時效性更新和主動更新這兩種快取更新機制。其中，時效性更新機制的快取更新操作發生在資料查詢操作前，對查詢操作的性能存在一定影響，且快取的更新存在一定的落後性。主動更新機制的快取更新操作發生在資料變更操作時，對更新操作的性能存在一定的影響，但是快取更新不存在落後性。

對於 MatrixAuth 而言，其許可權查詢操作是高頻的，且對性能十分敏感的。而許可權編輯操作是低頻的，且對性能不敏感。因此，採用主動更新機制更為合適。

在主動更新機制中，Read/Write Through 機制和 Write Behind 機制的快取模組和資料提供方串聯連接，其可靠性更差。而 Cache Aside 機制的快取模組和資料提供方在串聯連接的基礎上提供了並聯通路，可靠性更高，因此，MatrixAuth 快取採用主動更新機制中的 Cache Aside 機制。

12.7 服務端詳細設計

在資料層、快取設計完畢之後，我們在此基礎上進行服務端的設定。

在討論服務端設計之前，我們先明確下 MatrixAuth 要服務的使用者的類型。MatrixAuth 要服務的使用者和他們要展開的操作如下所示。

- MatrixAuth 系統管理員：可以管理資料來源和快取，可以連線一個業務應用，並為業務應用設定資料來源、快取和密碼。

- 業務應用管理員：負責某一個業務應用的使用者、角色和許可權設定工作，從而實現業務應用內的使用者許可權管理。

- 業務應用使用者：使用某個業務應用。在使用業務應用時，其發起的操作要接收 MatrixAuth 許可權驗證。

MatrixAuth 的服務端即 MatrixAuthServer，它主要完成以下幾方面的工作。

- 為 MatrixAuth 系統管理員提供資料來源、快取、業務應用的管理功能。

- 為業務應用管理員提供業務應用內的使用者、角色、許可權設定功能。

- 為業務應用提供增刪使用者介面、半控角色的「使用者—角色」關係設定介面。

這就需要 MatrixAuthServer 具有提供介面的能力、讀寫資料庫的能力。基於 SpringBoot 我們可以快速架設一個具有上述能力框架的應用，且 SpringBoot 十分好用，只需要簡單的設定便可以創建出能夠直接運行的 jar 套件（其內部帶有嵌入式的 Tomcat）。

MatrixAuthServer 功能中大部分操作實現比較簡單，不需要特殊設計。下面我們重點介紹幾個需要特殊設計的點。

12.7.1 資料來源動態切換

MatrixAuthServer 要為業務應用管理員提供業務應用內的使用者、角色、許可權設定功能。然而 MatrixAuthServer 支援多個 RBAC 資料來源設定，不同業務應用的 RBAC 資訊可能存放在不同的資料來源中，這需要 MatrixAuthServer 能根據業務應用資料來源的不同完成請求的路由操作。

假設應用 A、應用 C 使用了資料來源 2，應用 B 使用了資料來源 3。當 A、B、C 三個應用的應用管理員要進行「使用者一角色一許可權」管理時，MatrixAuthServer 必須將這些請求路由到對應的資料來源上，如圖 12.23 所示。

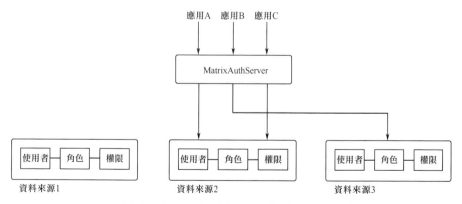

圖 12.23 MatrixAuthServer 的請求路由操作

在實現上，圖 12.23 所示的過程可以分解為以下操作。

- 透過預設資料來源查詢該業務應用的 RBAC 資料來源資訊。
- 根據查詢到的 RBAC 資料來源資訊連接 RBAC 資料來源。
- 在當前連接的 RBAC 資料來源應用 RBAC 資訊的編輯操作。

這就需要 MatrixAuthServer 能在應用執行時期動態連接資料來源。並且要注意，在 MatrixAuthServer 的運行過程中，可能有多個業務應用管理員同時在不同的 RBAC 資料來源上開展操作，因此需要實現資料來源的動態連接、多連接、動態切換。

對此我們可以透過動態修改當前執行緒的資料來源來實現。從而讓不同業務應用管理員的操作落在不同的執行緒上，並確保各執行緒獨立連接和操作自身對應的資料來源。

📂 備註

本書主要介紹高性能架構過程，受篇幅所限不對相關技術細節展開詳細介紹。我們將資料來源的動態連接、多連接、動態切換功能封裝成了一個獨立且好用的專案 DynamicDataSource，並在 GitHub 上開放原始碼，其位址是：https://github.com/yeecode/Dynamic DataSource。感興趣的讀者可以透過開原始程式碼了解其細節。

12.7.2 資料容錯的一致性保證

在第 12.5 節我們在 RBAC 資料表的設計中引入了反範式設計，並導致資料出現了容錯。因此，必須在業務應用管理員進行編輯使用者、角色和許可權設定操作時，使用業務邏輯保證資料的一致性。

RBAC 資料表中，user 表、user_x_role 表、role 表、role_x_permission 表和 permission 表是主資料表，而 user_x_permission 表則是在主資料表基礎上建立的從表。user_x_permission 表類似一個視圖，應該即時與主資料表中的資料保持一致，而不能接受其他的編輯操作。

所以，我們需要在編輯主資料表時同時編輯從表，並將這兩個編輯動作封裝為一個交易。此外，我們也不能為從表曝露任何的直接編輯介面。這樣，便確保了從表資料與主資料表資料的一致性。

考慮到 MatrixAuth 中的快取使用了 Cache Aside 機制，因此，快取的清理操作也應該封裝在這一交易中。為了盡可能地降低許可權查詢的回應時間，我們可以將快取清理工作替換為快取更新操作，即直接將最新的許可權資訊推送到快取而不僅是刪除快取中的舊資訊。

最終，RBAC 中資料編輯操作的過程如下所示。

① 開啟交易。
② 修改主資料表資訊。
③ 根據主資料表資訊修改從表 user_x_permission 的資訊。
④ 將從表 user_x_permission 的資訊推送到快取中。
⑤ 結束交易。

這樣，我們使用交易保證了主資料表資訊、從表資訊和快取資訊的一致性。而且這一交易發生在許可權編輯過程中而非許可權查詢過程中，不會增加許可權查詢的平均回應時間。

12.7.3 服務端的操作介面

MatrixAuthServer 要為 MatrixAuth 系統管理員使用者提供一些資料來源、快取、業務應用管理介面,如圖 12.24 所示。

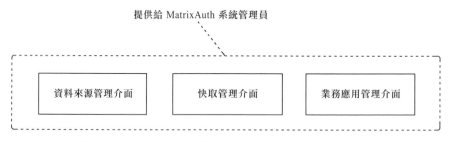

圖 12.24 MatrixAuth 的 MatrixAuth 系統管理員介面

MatrixAuthServer 還要提供一些 RBAC 管理類別介面,這些介面因為角色類型的不同,要提供給不同的物件來呼叫。

在第 12.3.2 節我們將角色劃分為了全控角色、半控角色、自由角色。其中自由角色的所有權限處理由業務應用全部負責,不需要 MatrixAuthServer 處理。我們主要討論全控角色和半控角色。

對於全控角色,MatrixAuthServer 需要為業務應用提供使用者編輯介面,為業務應用管理員提供「使用者—角色」關係編輯介面、角色編輯介面、「角色—許可權」關係編輯介面、許可權編輯介面。

對於半控角色,MatrixAuthServer 需要為業務應用提供使用者編輯介面、「使用者—角色」關係編輯介面,為業務應用管理員提供角色編輯介面、「角色—許可權」關係編輯介面、許可權編輯介面。

RBAC 介面的設定與服務物件劃分如圖 12.25 所示。

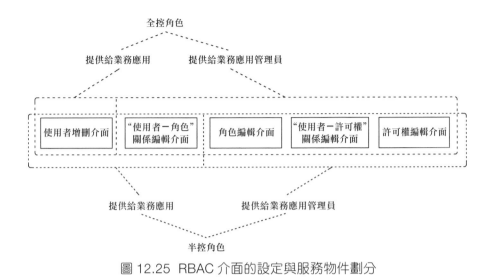

圖 12.25　RBAC 介面的設定與服務物件劃分

至此，服務端 MatrixAuthServer 的所有介面及其服務物件也已經劃分和整理清楚。

12.8　客戶端詳細設計

MatrixAuthClient 是 MatrixAuth 中要嵌入到業務應用中的部分，它的設計對整個 MatrixAuth 的便利性具有重要的影響。它必須儘量保持高內聚性，減少與業務應用的耦合。因為每增加一個耦合點都會帶來業務應用引入 MatrixAuthClient 時的設定工作量。

MatrixAuthClient 所要完成的主要工作如下所示。

- 全控角色與半控角色的許可權驗證，其間可能需要查詢 MatrixAuth 資料來源、快取中的 RBAC 資訊。
- 自由角色的許可權驗證。

■ 將業務應用中的使用者資訊、「使用者—角色」連結資訊（僅限半控角色）推送到 MatrixAuthServer。

接下來我們逐一進行設計。

12.8.1 可控角色的許可權驗證

全控角色和半控角色的區別在於「使用者—角色」連結關係由誰控制。對於全控角色，由業務應用管理員控制；對於半控角色，由業務應用控制。在許可權驗證階段，全控角色和半控角色並無不同，我們可以將它們統稱為可控角色。

對於可控角色，MatrixAuthClient 需要基於快取或資料來源中的資訊，根據使用者查詢出該使用者的許可權編碼列表。然後，MatrixAuthClient 要在這些資訊的基礎上完成鑑權工作。

為了盡可能減少 MatrixAuthClient 對業務應用的侵入，我們可以借助註釋來完成上述的鑑權功能。

定義一個適用於方法的 "@Perm" 註釋，註釋中寫入進入該方法所需要的許可權編碼清單，如下所示。

```
@RequestMapping("/openDoor")
@Perm({"OPEN_ROOM_DOOR","MANAGE_ROOM"})
public Result openDoor() {
    return ResultUtil.getSuccessResult("OpenDoor successfully");
}
```

這樣，當某個使用者操作時，只有當前使用者具有 "OPEN_ROOM_DOOR" 或 "MANAGE_ROOM" 的許可權時，才能夠執行 openDoor 方法。這樣便實現了方法層面的許可權驗證。

具體地，MatrixAuthClient 需要在某個方法執行前判斷該方法是否具有
"@Perm" 註釋。如果沒有該註釋則表示該操作不需要許可權，直接放
行；如果具有該註釋則需要透過下面虛擬程式碼所示的邏輯鑑權後，
根據鑑權結果決定是否可以放行。其實現虛擬程式碼如下所示：

```
獲取當前應用的應用名appName;
取出當前使用者的userKey;
fullUserKey = "appName-userKey";
permissionKeys = null;
if(當前MatrixAuthClient設定有快取){
  permissionKeys = 從快取中獲取fullUserKey對應的permissionKeys;
}
if(permissionKeys == null) {
  permissionKeys = 從資料來源中獲取fullUserKey對應的permissionKeys;
  在快取中新增一筆記錄，鍵為fullUserKey，值為permissionKeys;
}

permissionKeysInMatrixAuth = 將permissionKeys轉化為set。
permissionKeysInAnnotation = 從@Perm註釋中讀取設定的許可權set。
if(permissionKeysInMatrixAuth 和 permissionKeysInAnnotation 的交集不為空) {
  許可權驗證通過;
} else {
  許可權驗證不通過;
}
```

在上述操作中，需要連接和讀寫快取、資料來源，這些操作都被封裝
在 MatrixAuthClient 內部，業務應用只需要在引入 MatrixAuthClient 時
設定快取、資料來源位址即可。這樣的設計保證了 MatrixAuth 的便利
性。

MatrixAuthClient 會首先嘗試從快取中獲取使用者的許可權列表，如果
失敗的話，才會從資料來源中獲取，這樣操作提升了許可權清單的獲

取速度。同時，無論從資料來源中獲得的許可權列表是否為空列表，我們都將其在快取中設定一份，這種操作避免了快取穿透現象。

上述操作需要 MatrixAuthClient 獲知當前應用的 appName 資訊，可以透過設定實現。還需要 MatrixAuthClient 獲知當前使用者的 userKey，這需要業務應用提供支援。一般來說業務應用可以透過 Session 資訊或使用者 HTTP 請求中的 cookie 資訊得到當前使用者的 userKey。

這樣，可控角色的許可權驗證相關的設計便全部完成了。

12.8.2　自由角色的許可權驗證

對於自由角色，我們也可以設計一個註釋 "@LocalPerm"。其使用形式和 "@Perm" 註釋類似，如下所示：

```
@RequestMapping("/enterEquipmentRoom")
@LocalPerm({"ENTER_EQUIPMENT_ROOM"})
public Result enterEquipmentRoom() {
    return ResultUtil.getSuccessResult("EnterEquipmentRoom successfully");
}
```

只有當使用者具有 ENTER_EQUIPMENT_ROOM 許可權時才能操作 enterEquipmentRoom 方法。因為是處理自由許可權，所有的判斷邏輯需要業務應用自主實現。MatrixAuthClient 可以為業務應用處理一些週邊操作。

具體地，MatrixAuthClient 需要在某個方法執行前判斷該方法是否具有 "@LocalPerm" 註釋。如果沒有該註釋，則表示該操作不需要許可權，直接放行；如果具有該註釋，則需要透過下面虛擬程式碼所示的邏輯鑑權後，根據鑑權結果決定是否可以放行。

其實現虛擬程式碼如下：

```
permissionKeysInAnnotation = 從@LocalPerm註釋中讀取設定的許可權集合；
functionName = 獲取當前方法的方法名稱；
className = 獲取當前方法所在類別的類別名稱；
args = 獲取當前方法被呼叫時的所有導入參數；
permissionKeysInMatrixAuth = 從快取或資料來源獲取當前使用者所具有的所有
permissionKeys並轉化為集合；

result = 將以上各個資訊作為導入參數傳給handleLocalPerm抽象方法處理，返回
handleLocalPerm方法的boolean結果；
if(result){
   許可權驗證通過；
} else {
   許可權驗證不通過；
}
```

在上述虛擬程式碼中，MatrixAuthClient 只是完成了資訊的收集工作，具體的許可權判斷交給了 handleLocalPerm 抽象方法。而該抽象方法需要由業務邏輯實現。業務邏輯在實現 handleLocalPerm 抽象方法時，可以整理融合各種業務資訊，實現更為細粒度的許可權控制，包括避免水平越權等，這是自由角色鑑權的優點。

當然，自由角色鑑權的缺點也是明顯的，即業務應用要實現 handleLocalPerm 抽象方法，比較煩瑣。

12.8.3 使用者資訊、角色連結資訊推送

業務應用還需要將使用者的增刪操作、「使用者—角色」的連結操作（僅限半控角色）推送給 MatrixAuthServer。這些推送操作也可以由 MatrixAuthClient 負責，業務應用只需要為 MatrixAuthClient 設定

MatrixAuthServer 的位址即可。這樣的設計也可以確保 MatrixAuth 的便利性。這方面的實現十分簡單,我們不再贅述。

12.9　MatrixAuth 專案實踐複習

經過模型設計、概要設計和詳細設計,我們終於完成了 MatrixAuth 的架構設計。整個架構設計方案包括資料層、快取、服務端和用戶端,基於目前的設計方案便可以規劃和完成專案的開發工作。

在架構設計過程中,我們考慮了功能性、效率、相容性、便利性多個軟體品質維度,並詳細說明了設計過程中的架構演進過程。相信能給大家的軟體架構工作提供一些參考。

受篇幅所限,本節著重介紹專案的高性能架構過程,而不能繼續詳細地展現 MatrixAuth 專案的實現細節。我們會將該專案開放原始碼,供大家學習、交流和使用,專案的位址為:https://github.com/yeecode/MatrixAuth 。

接下來,我們首先複習 MatrixAuth 專案中提升性能的設計點,然後介紹 MatrixAuth 專案的使用,以便於大家對最終設計出的軟體產品有一個清晰的認識。

12.9.1　MatrixAuth 的高性能設計

在第 1.2 節我們介紹了高性能主要是指軟體在效率維度、可靠性維度具有良好的表現。而效率維度又包括時間效率、資源使用率、容量三個子特性，可靠性又分為成熟度、可用性、容錯性、可恢復性四個子特性。

接下來我們介紹表現 MatrixAuth 高性能的各個設計點。

1. 資料層（含快取）

採用 RBAC 模型完成許可權資訊的儲存。RBAC 是一種應用廣泛，且在實踐中被不斷論證的模型，這提升了系統的成熟度。

使用反範式設計，透過增加資料容錯直接儲存了「使用者—許可權」關係，避免了連表查詢，提升了系統的時間效率。

支援為資料來源增加記憶體中資料庫作為快取，縮短了許可權查詢的時間，提升了系統的時間效率。

採用多資料來源、多快取架構，分散了資料量、存取量，提升了系統的時間效率、容量。

每個資料來源、快取均可以供多個業務應用共用使用，這提升了系統的資源使用率。

使用主動更新機制中的 Cache Aside 機制更新快取，避免了在快取查詢時更新快取，加快了快取查詢的回應速度，提升了系統的時間效率。

快取與資料來源並聯，「使用者—許可權」資訊在快取、資料來源中均有儲存。因此，快取、資料來源各自獨立當機、重新啟動均不會造成服務的中斷，提升了系統的容錯性。

快取當機並遺失所有資料後，可以透過資料來源補足資訊。提升了系統的可恢復性。

2. 服務端

業務應用中的使用者資訊、「使用者—角色」連結資訊發生變動時，採用推送機制發送給服務端。避免了許可權查詢時服務端的拉取操作，加快了許可權查詢的回應速度，提升了系統的時間效率。

MatrixAuthServer 在啟動時會直接連接預設資料來源，然後根據操作業務的應用不同，選擇不同的 RBAC 資料來源連接後，展開讀寫操作。透過這種設計，MatrixAuth 可以在不停機的情況下增加、刪除資料來源和更改業務應用的資料來源，提升了系統的可用性。

服務端僅提供應用、資料來源、快取、RBAC 資訊的編輯功能，不參與鑑權過程。當服務端當機時，不會影響業務應用的鑑權操作。這種設計提升了系統的容錯性。

3. 用戶端

用戶端直連快取、資料來源，不經過其他中間系統。這種設計使得鑑權操作不受中間系統當機影響，也避免了浪費中間環節的執行時間，既提升了系統的時間效率，又提升了系統的容錯性。

12.9.2 需求完成度分析

在第 12.1 節我們對系統的性能提出了一些具體的指標。現在，我們來驗證指標的完成度。

- 時間效率高：要求判權操作最多查詢一次資料庫。最終，在正常執行時，MatrixAuthClient 只需要查詢一次記憶體中資料庫便可以完成判權工作，在記憶體中資料庫當機時才需要查詢一次資料庫。

- 容量高：要求承擔 100 個業務應用連線、支援每個應用每秒 10 萬判權操作、每個應用 5 萬個許可權項。我們可以透過多資料來源設定實現這一要求，如設定 10 個 RBAC 資料來源，每個 RBAC 資料來源儲存 10 個應用的 50 萬筆資料資訊。使用 Redis 作為快取的情況下，可以支援 10 萬次每秒的判權操作。

- 可用性高：要求支持主備切換、叢集擴充。MatrixAuth 支援資料庫的擴充、主備切換。可以以 MyCat 作為 MatrixAuth 的預設資料來源和 RBAC 資料來源，並在 MyCat 後方部署資料庫叢集。Redis 快取也支持叢集擴充和主備切換。

- 容錯性高：要求應用任何一個模組獨立當機時，均不影響業務應用正常執行。在 MatrixAuth 中，服務端、資料來源、快取各自獨立當機均不影響業務應用持有的用戶端正常執行。

- 可恢復性高：要求外部硬體、基礎軟體系統恢復，則應用可在 1 分鐘內恢復。在 MatrixAuth 中，資料來源會跟隨資料庫的恢復而恢復，快取會跟隨記憶體中資料庫的恢復而恢復。服務端的恢復只需要直接啟動 SpringBoot 的 jar 套件，十分迅速。

可見，我們最終列出的架構方案能夠滿足需求中提出的各項指標。

12.9.3 MatrixAuth 的使用簡介

接下來我們簡介下 MatrixAuth 系統的使用，以便於大家了解該設計方案最終列出的軟體成品。當然，這部分內容配合 MatrixAuth 專案的原始程式進行閱讀更易了解。

按照我們列出的架構方案，MatrixAuth 最終將包含資料來源（含快取）、MatrixAuthServer、MatrixAuthClient 三部分。接下來我們從這三個部分介紹 MatrixAuth 的使用。

1. 資料來源設定

使用 DDL 敘述初始化一個包含管理類別資料表和 RBAC 資料表的資料來源作為預設資料來源，預設資料來源一共包含 9 張表；使用 DDL 敘述初始化零個或多個包含 RBAC 資料表的資料來源作為 RBAC 資料來源，每個 RBAC 資料來源包含 6 張表。

準備一個或多個記憶體中資料庫。這是可選項，但是強烈建議使用，因為記憶體中資料庫能夠極大地提升許可權查詢的時間效率。

2. MatrixAuthServer 設定

MatrixAuthServer 使用了 SpringBoot，因此只需設定完預設資料來源資訊後便可直接啟動 MatrixAuthServer 的 jar 套件。

如果有 RBAC 資料來源或快取，可以呼叫 MatrixAuthServer 的資料來源管理介面、快取管理介面增加 RBAC 資料來源和快取的資訊。如果沒有 RBAC 資料來源則省略這一步。

呼叫 MatrixAuthServer 的業務應用管理介面增加業務應用，並可以為業務應用指定資料來源和快取。

3. MatrixAuthClient 設定

在業務應用中引入 MatrixAuthClient 的 jar 套件，並設定當前業務應用的應用名、該業務應用使用的資料來源資訊（可能是預設資料來源，也可能是 RBAC 資料來源）、快取資訊（沒有則不需要設定）。

在業務應用中啟動 MatrixAuthClient 提供的切面，從而讓 MatrixAuth Client 能在方法執行前基於 "@Perm" 註釋，或 "@LocalPerm" 註釋開展鑑權操作。

為 MatrixAuthClient 中獲取當前使用者 userKey 的抽象方法提供的實現；為 MatrixAuthClient 中處理自由角色許可權的抽象方法（handle LocalPerm 抽象方法）提供的實現，以實現自由角色的鑑權操作。

業務應用需要在進行使用者增刪時，呼叫 MatrixAuthClient 提供的方法通知 MatrixAuthServer；在為使用者指派或剝奪半控角色時，呼叫 MatrixAuthClient 提供的方法通知 MatrixAuthServer。

4. 鑑權操作

完成以上設定後，MatrixAuth 的設定就全部完成了。

MatrixAuth 支援多個業務應用的連線。在使用時，我們只需要在要鑑權的方法上增加 "@Perm" 註釋或 "@LocalPerm" 註釋即可，並且可以透過 MatrixAuthServer 提供的 RBAC 介面，對業務應用的「使用者—角色—許可權」關係進行管理。

雖然 MatrixAuth 的架構經歷了模型設計、概要設計、詳細設計等多個環節許多版本，但其最終的架構設計方案並不複雜，甚至十分簡單。

由繁至簡，往往是高性能架構的共通性。只有模組少、連接簡單的應用才可能在效率維度、可靠性維度上具有出色的表現。

> 📁 **備註**
>
> 當你讀到這裡時，我們共同架構設計的 MatrixAuth 專案已經完成開發
> 並在 GitHub 上開放原始碼了。

你可以閱讀該開放原始碼專案的原始程式詳細了解 MatrixAuth 的實現
細節，使用甚至參與改進該專案。

如果在原始程式閱讀上遇到困難，可以參考作者的《拉近和大神之間
的差距：從閱讀 MyBatis 原始程式碼開始》一書來提升原始程式閱讀
能力。

參考文獻

[1] ISO．International Organization for Standardization〔EB/OL〕．：https://www.iso.org/ standard/35733.html/, 2011/2019.

[2] 于朝暉. CNNIC 發佈第 44 次《中國網際網路發展狀況統計報告》[J]. 網信軍民融合 , 2019(9): 9.

[3] 楊春暉 . 系統架構設計師教學 [J]. 楊春暉 . 系統架構設計師教學 [J]. 北京 : 清華大學出版社，2009.

[4] 馬潮 , OTHERS. AVR 微處理器嵌入式系統原理與應用實踐 [M]. 北京：北京航空太空大學出版社 , 2007.

[5] STEVENS W R, NARTEN T. UNIX network programming[J]. ACM SIGCOMM Computer Communication Review, ACM New York, NY, USA, 1990, 20(2): 8–9.

[6] Ambler S. The realities of mapping objects to relational databases[J]. Software Development, 1997, 5(10): 71-74.

[7]   PROBLEM T B G. Oracle Corporation and/or its affiliates[J]. https://
      dev.mysql.com/doc/ refman/8.0/en/explain-output.html/, 2019.

[8]   MYCAT 專案小組 . Mycat 權威指南 [J]. http://www.mycat.io/document/
      mycat-definitive-guide.pdf/, 2019.

[9]   LAMPORT L, SHOSTAK R, PEASE M. The Byzantine Generals
      Problem[J]. Acm Transactions on Programming Languages &
      Systems,, 4(3): 382–401.

[10] HE S, SHU Y, CUI X, 等 . A trust management based framework for
      fault-tolerant barrier coverage in sensor networks[C]//2017 IEEE
      Wireless Communications and Networking Conference (WCNC).
      IEEE, 2017: 1–6.

[11] GARSIEL T, IRISH P. How Browsers Work: Behind the scenes of
      modern web browsers[J]. https://www.html5rocks.com/en/tutorials/
      internals/howbrowserswork/, 2019.

[12] STANDARDIZATION I O for. ISO/IEC 12207:2008[J]. https://www.
      iso.org/standard/ 43447.html/, 2019.